KB062073

하루 10분
퀄리티타임 육아법

하루 10분
퀄리티타임 육아법

김은희 지음

"우리 아이를 바꾸는 하루 10분의 기적"

하루 10분, 아이와 함께 성장하는 시간

부모가 아이와 하루에 얼마만큼 시간을 보내야 아이가 바르고 행복하게 자랄까요? 또 아이와 함께하는 시간을 어떻게 보내야 아이의 인성을 바르게 키울 수 있을까요? 제가 아이를 양육한 2000년대 초반까지만 하더라도 최소 만 3세까지는 엄마가 아이를 품에 끼고 키워야 정서적으로 안정되고 애착이 형성된다는 믿음이 있었습니다. 하지만 최근에는 시간의 양보다 질의 중요성이 강조되면서 양육의 분위기도 많이 바뀐 추세입니다.

예전에는 엄마가 직장에 다니면 어쩔 수 없이 아이를 어린이집에 보내야 했어요. 어린아이를 일찍 어린이집에 맡겨야 하는 직장맘은 늘 미안함과 죄책감을 마음 깊이 가지고 있었지요. 반면 최근에는 엄마가 직장을 다니든, 다니지 않든 만 2세 전후로 대부분 어린이집에 다니는 분위기입니다. 엄마도 체력적으로, 심적으로 충전할 시간을 가져야 하니까요. 이제 양육하는 시간의 양보다 짧은 시간이라도 질 좋은 시간을 보내는 것이 더 중요하다는 믿음이 생겼거든요. 정말 반가운 변화입니다. 최소한 엄마인 '나' 때문에 아이가 일찍 어린이집에 다닐 수밖에 없다는 죄책감은 갖지 않아도 되잖아요.

물론 직장을 다니는 부모가 그렇지 않은 부모보다 시간적으로 여유가 없는 것은 사실입니다. 하지만 앞서 언급했듯이 시간이 충분하다고 해서 아이와 좋은 관계를 형성하고, 시간이 부족하다고 해서 아이와 나쁜 관계를 형성하는 것은 아니에요. 어린이집에서 일찍 하원하고 많은 시간을 부모와 함께 지내도 자주 야단맞고 방치된다면 아이에게 결코 좋은 영향을 줄 수 없을 테니까요.

처음의 질문으로 돌아가볼게요. 부모가 아이와 하루에 얼마만큼 시간을 보내야 아이가 바르고 행복하게 자랄까요? 사실 이 질문은 제가 아이를 키우면서 가장 많이 고민했던 주제이기도 합니다. 20여 년간 일과 학업, 육아를 병행한 엄마로서 늘 미안하고 불안했거든요. 양육에 많은 시간을 할애할 수 없었기에 누구보다 아이와 함께하는 시간의 질이 중요했어요. 아이와 함께하는 시간의 질을 높이기 위해 하루하루 주어진 짧은 시간 동안 아이와 무엇을 어떻게 할 것인지 진지하게 고민해야만 했지요. 제가 생각한 방법은 '선택과 집중'이었습니다.

'선택'은 제가 배운 아동발달과 심리학 이론이 기준이 되었어요. 오랜 시간 아동심리상담을 하면서 만난 수많은 부모와 아이의 사례가 명확한 신념을 갖도록 했지요. 결국 하루 10분이라도 아이의 정서발달에 제대로 '집중'해야 한다는 결론을 내렸습니다. 10세 이전까지의 정서발달이 아이 인성의 기초를 형성할 뿐만 아니라, 이 시기에 문제가 일어나 마음의 상처나 정서적 결손이 생기면 회복이 쉽지 않다는 것을 알 수 있었거든요. 그래서 아이를 향한 특별한 관심, 따뜻한 스킨십, 아이의 선택과 존재를 있는 그대로 인정하는 격려, 눈을 맞추고 경청하는 대화, 아이가 원하는 것을 함께하는 놀이에 집중하고자 노력했습니다.

부모에게 아이는 너무나 사랑스럽고 소중한 존재에요. 세상 모든 부모는 자신이 겪은 좌절이나 고통, 실패를 내 아이만큼은 경험하지 않길 바라지요. 자신은 미처 느껴보지 못한 성공과 기쁨, 행복을 내 아이만큼은 다 누릴 수 있도록 해주고 싶은 것이 부모의 마음입니다.

이 책은 저처럼 하루 종일 직장에서 힘들게 일하고 돌아와 다시 집안일과 양육을 시작하면서도 늘 미안함과 불안감을 갖고 있는 부모들을 위한 책이에요. 또 하루 종일 아이를 돌보며 온 신경이 아이에게 집중되어 있는 데 걱정이 많고 뭔지 모를 부족함을 느끼는 부모에게 무엇에 어떻게 집중해야 하는지 방향을 안내하는 책입니다.

이 책을 통해 항상 시간에 쫓겨 정신없이 일과 육아를 병행했지만 아이를 잘 키우고자 하는 열정만큼은 넘쳤던 선배 육아맘으로서 하루 10분 퀄리티타임 육아의 효과와 경험, 노하우를 공유하고 싶었습니다. 수천 번의 부모 교육과 부모 상담을 진행하며 경험한 멋진 선배 부모들의 퀄리티타임 육아법도 한데 모았지요. 관심과 격려, 공감대화와 놀이를 통해 아이들의 정서적 불안을 해소하고 건강한 성장을 돕는 아동상담사로서 심리학적 이론과 경험을 바탕으로 효과적으로 퀄리티타임을 보낼 수 있는 구체적인 방법도 함께 제시했습니다.

이제 '하루 10분 퀄리티타임'을 통해 미안함과 죄책감, 지침과 걱정, 안쓰러움과 불안보다는 편안함과 뿌듯함, 확신과 믿음, 만족스러움과 행복이 가득한 하루하루가 되셨으면 좋겠습니다. 선택과 집중의 중요성을 아는 여러분은 충분히 그럴 자격이 있거든요. 매일의 작은 실천으로 아이와 함께 성장하는 부모가 되시리라 확신합니다.

김은희

차례

퀄리티타임 1
마음과 마음이 이어지는 하루 10분의 기적

퀄리티타임 2
관심으로 관계 짓기

퀄리티타임 3
스킨십으로 사랑 짓기

퀄리티타임 4
칭찬으로 자존감 짓기

퀄리티타임 5
대화를 통한 성장 짓기

퀄리티타임 6

놀이로 행복 짓기

퀄리티타임 1

마음과 마음이 이어지는 하루 10분의 기적

최선을 다하지만 늘 미안하고 불안한 부모

세상에서 가장 예쁜 말은 무엇일까요? 가장 복된 말이나 큰 사랑을 표현할 수 있는 말은 무엇일까요? 아마도 부모라면 세상에서 가장 귀한 말을 고르고 골라 내 아이를 사랑하는 마음을 표현하고 싶을 것입니다. 저도 휴대폰에 아들 이름을 '보물 1호'로 저장했어요. 아이를 향한 제 마음이 고스란히 담겨 있지요. 아이가 부모 마음속 최고의 보물임은 생활 곳곳에서 쉽게 찾을 수 있습니다. 장을 볼 때, 음식 메뉴를 선택할 때, 여행 장소를 정할 때도 부모는 항상 아이를 우선적으로 고려하기 때문입니다. 현관문과 은행 통장의 비밀번호도 아이의 생일인 경우가 많지요. 휴대폰 메신저의 상태메시지는 언제나 아이를 위한 응원 문구로 가득하고요. 부모의 달력은 아이가 태어난 날을 기준해서 'D+372' 'D+373' 'D+374' 이렇게 늘 새로운 날짜로 넘어가곤 합니다.

그런데 아이를 생각하면 떠오르는 말 중에는 예쁜 말뿐만 아니라 꼭 따라오는 것이 한 가지 있습니다. 바로 '미안함'이에요. 부모는 부자가 아닌 것이 미안해요. 늘 바쁘다는 핑계로 못 놀아줘서 미안하고요. 동생한테 무언가를 양보하라고 말해놓고도 마음 한편은 미안함이 자리 잡습니다. 엄마의 영어 발음이 유창하지 못한 것도 미안하지요. 무엇보다 아이의 마음을 몰라준 채 오늘도 화를 낸 것이 너무 미안합니다.

일방적인 희생이 아닌 타협이 필요한 시대

코로나19 사태 이후 재택근무를 하는 부모들이 많아졌잖아요. 4세, 7세 두 아들을 키우는 리우와 시우 엄마도 그중 한 명이에요. 온라인으로 오전 회의를 하는데 첫째 아이가 화장실에서 큰 소리로 엄마를 부릅니다. 엄마는 회사 사람들의 눈치가 보이지만 어쩔 수 없이 회의 화면과 소리를 끄고 빠르게 아이의 뒤처리를 해주었지요. 회의를 마친 엄마는 이제 어제 하루 종일 작성한 보고서만 보내고 아침식사를 챙겨주려고 했어요. 그런데 둘째 아이가 갑자기 엄마 무릎에 덥석 올라오는 겁니다. 그 과정에서 무엇을 잘못 건드렸는지 작업 중이던 파일이 지워지고 말았어요.

엄마: (거칠게 아이를 내려놓으며) 엄마 일하는 데 오면 어떻게 해!

엄마의 머릿속은 보고서를 언제 다시 쓰나 걱정이 태산입니다. 하지만 자신도 모르게 튀어나온 한숨과 높아진 언성에 놀랐을 아이 생각으로 가슴이 먹먹해졌지요.

엄마도 모르지 않습니다. 아이 입장에서 집에 있는 엄마는 단지 '내 엄마'일 뿐이란 것을요. 오랜만에 집에 있는 엄마와 놀고 싶은 아이의 마음도 이해가 가지만 화가 나는 것은 어쩔 수 없습니다. 재택근무도 근무이니 주어진 업무에 충실해야 하니까요. 일과 양육, 두 가지 다 제대로 해내고 싶은데 방법을 모르니 현재의 상황과 나 자신에게 화가 날 뿐입니다.

직장을 다니든, 다니지 않든 부모의 마음은 다 똑같습니다. 아이를 최고로 사랑하는 만큼 아이에게 상처 주지 않는 멋진 부모가 되고 싶습니다. 하지만 현실의 내 모습은 마음과 너무 달라요. 하루에도 몇 번씩 아이에게 욱하고 소리를 지르게 됩니다. 나라도 듣고 싶지 않을 잔소리를 계속 반복하게 되고요. 하루를 마치고 잠든 아이를 볼 때면 '난 참 부족한 엄마구나.'라며 자책감만 듭니다.

사실 부모의 자책과 미안함 안에는 두 가지 감정이 공존하고 있습니다. 첫째는 아이가 잘 성장하길 바라는 기대와 바람이에요. 둘째는 아이가 잘못 크면 어쩌나 하는 불안이지요. 이런 기대와 바람, 불안은 현대 사회의 부모라면 누구나 갖고 있는 본능적인 반응일지도 모릅니다. 아이가 사회생활을 시작하기 위해 여러 규칙에 적응해야 하는 것처럼, 부모도 하루가 다르게 급변하는 현대 사회에 적응하는 중이거든요.

현실적으로 이제는 부모의 일방적인 희생이 아닌 타협이 필요한 시대에요. 모든 시간과 초점을 아이에게 맞추기보다는 짧은 시간 동안만이라도 아이와 의미 있는 경험을 하며 가장 효율적인 결과를 내는 구체적인 방법이 필요한 시대입니다. 이 책을 읽고 있는 부모들도 저와 같은 목표를 갖고 있을 것이라 생각해요. 책을 다 읽고 난 후에는 일상에서 바로 실천할 수 있는 여러 방법이 머릿속에 정리될 것입니다.

둘

아이와 부모를 위한 최선의 선택

수빈이 엄마는 맞벌이 가정에서 자라 어린 시절을 홀로 외롭게 지냈습니다. 그래서 자신은 아이를 낳으면 육아에 전념하리라 다짐했지요. 딸아이가 상처받을까 봐 둘째도 낳지 않았어요. 아이가 초등학교 3학년이 될 때까지 엄마는 늘 딸과 함께했습니다. 노는 방법은 잘 몰라도 아이가 노는 곁에 함께 있어 주고자 애썼지요. 아이가 친구네 집에 놀러가고 싶다고 하면 늘 동행했고요. 수빈이가 초등학교 3학년이 되어 기존에 다니던 미술 학원과 피아노 학원에 영어 학원까지 가게 되니, 아이가 바빠진 만큼 엄마의 하루도 정신없이 지나갔습니다. 피아노는 대회 연습까지 도와야 했어요. 처음 영어를 배우는 수빈이가 영어에 거부감을 느끼지 않도록 수업이 끝나면 선생님과 상담도 해야 했고, 학원 과제도 곁에서 도와야 했지요.

부모의 24시간 희생이 꼭 좋은 결과로 이어지진 않는다

24시간을 온종일 딸아이를 위해 최선을 다한 엄마에게 어느 날 회의감이 드는 사건이 발생했습니다. 최근 몇 주간 아이가 눈을 심하게 깜박거려 혹 틱증상이 아닌가 싶어 병원을 찾았는데, 의사선생님으로부터 스트레스 주지 말고 마음을 편하게 해주라는 당부를 받은 것입니다. 엄마는 '나보고 어쩌라는 거지? 하루 종일 아이 비위 맞추느라 내 생활은 하나도 없는데 스트레스를 주지 말라고?' 하는 마음에 뒤통수를 맞은 기분이었습니다.

온종일 아이와 함께 지내는 부모의 하루는 결코 만만치 않습니다. 인간은 기본적으로 노력보다는 나태함을, 부지런함보다는 게으름을 추구하거든요. 하물며 목표의식과 자기조절능력이 부족한 아이는 더 그럴 수밖에 없지요. 집이라는 공간은 긴장감보다는 편안함이 더 크게 작용하는 곳이고, 무엇보다 아이에게 있어 부모는 무엇이든 해줄 것이라는 기대를 품게 되는 대상입니다. 흔히 아이가 넘어져도 부모가 있을 때의 행동과 옆에 없을 때의 행동이 다르다고 하잖아요. 혼자 털고 일어날 수 있어도 부모가 곁에 있을 때는 안아달라고 보채는 것이 아이 마음이지요. 그렇다 보니 아이와 함께 지내는 24시간은 부모의 계획이나 의지와 상관없이 흘러가는 경우가 많아요. 상담에서 부모들이 가장 많이 토로하는 고민 중 하나도 "아이가 엄마를 하루에 100번도 더 불러요." "아이 때문에 아무것도 할 수가 없어요." 등입니다.

부모는 아이가 10번을 부르든, 100번을 부르든 괜찮습니다. 무엇을 요구하든 아이가 잘 성장한다면 얼마든지 들어줄 수 있지요. 하지만 전문가들은 아이에게 스스로 할 수 있는 기회를 줘야 한다고 당부합니다. 부모에게 의존하고 싶은 아이와 스스로 할 수 있는 힘을 키워주고 싶은 부모 사이에는 갈등이 생길 수밖에 없습니다. 반대로 이미 부모의 말을 잔소리로 인식하는 아이는 무엇이든 자기가 알아서 한다고 하지요. 아이가 마음대로 하게 내버려뒀을 때 좋은 결과가 나온다면 얼마나 좋겠어요. 하지만 눈에 보이는 빤한 실패의 길로 가는 아이를 마냥 지켜보기란 여간 어려운 일이 아니잖아요. 내버려둘 수도 없고, 참견할 수도 없으니 답답할 노릇입니다.

상담을 하면 종종 어릴 적 자신의 결핍을 자녀에 주고 싶지 않은 마음에 실수를 하는 부모를 보게 됩니다. 예를 들어 어릴 적 가난에 시달린 부모가 있다고 가정해볼게요. 가난함이 남긴 상처는 '이상적인 부모=부자 부모'라는 자신만의 도식을 만들어냅니다. 이 경우 부모가 되면 아이에게 든든한 재산을 물려주려고 열심히 일만

하지요. 결국 함께 보낸 추억 하나 없이 아이들이 다 커버리고 나면 후회만 남게 됩니다.

수빈이 엄마의 경우도 마찬가지에요. 엄마가 경험한 결핍을 물려주고 싶지 않은 마음이 문제의 원인이 되었습니다. 사람마다 개별적 기질과 살아가는 시대적 상황이 모두 다르잖아요. 변수와 상황을 무시한 채 '내 아이도 언제나 엄마가 함께 있어주기를 원할 거야.'라고 판단하면서 문제가 시작된 거예요. 엄마는 아이에게 최선을 다했을지 몰라도 아이는 오히려 답답함을 느꼈을지 모릅니다. 엄마는 24시간이 모자라게 노력했을지 몰라도 아이는 자신만 바라보는 엄마가 부담스러웠을지 몰라요.

의사선생님의 처방에 혼란스러웠던 수빈이 엄마는 결국 상담센터를 찾아왔습니다. 아이에게 스트레스를 주지 말라는데 구체적으로 무슨 스트레스를 어떻게 주지 말아야 할지 모르겠다고 하셨지요. 저는 우선 수빈이 엄마를 진심으로 칭찬해드렸어요. 아이의 눈깜박임을 빨리 알아차리는 민감함과 세심함, 아이의 불편함을 없애주고자 병원을 찾아간 용기, 전문가의 조언을 듣고 구체적인 방법을 알고자 상담센터까지 찾아온 행동력까지. 이미 너무 훌륭하다고 말이에요.

다만 한 가지 당부를 드린 것이 있습니다. 이제부터는 엄마 자신을 위한 삶을 사시라는 것이었어요. 예를 들어 아이와는 별개로 본인이 하고 싶은 취미를 찾는 것이 있겠지요. 자신을 위해 시간을 쓰고, 아이로 인해 발생한 감정이 아닌 자기 자신의 감정에 집중해 보길 권해드렸습니다.

좀 과장해서 말하자면 아이는 이기적인 존재에요. 부모로부터 듣고 싶은 것만 듣고, 필요한 것만 취한 채 떠나가지요. 아이도 엄연히 독립된 인격체이기 때문에 항상 부모가 옆에서 따라다니길 바라지 않아요. 필요할 때만 있어주길 바라지요. 우리도 아이일 때 그랬잖아요. 부모 눈을 피해서 하고 싶은 것도 많았고, 부모에게 굳이 보여주고 싶지 않은 것도 많았지요.

시간이 짧아도 양질의 경험은 진한 감동과 깊은 여운을 남긴다

칩 히스, 댄 히스 저자의 책 『순간의 힘』에는 이런 구절이 나옵니다.

> 단순히 시간을 많이 보내는 것은 관계의 퀄리티를 결코 높여주지 않는다.

만약 아이에게 외로움을 느끼게 하고 싶지 않다면, 믿음을 주고 싶다면 짧은 시간 소중한 경험을 쌓는 퀄리티타임 육아법을 권해드려요. 만약 열심히 일하느라 시간은 부족한데 아이와의 관계 형성이 걱정이라면 더더욱 퀄리티타임 육아법을 추천합니다. 시간이 짧아도 양질의 경험은 진한 감동과 깊은 여운을 남기거든요. 직장맘이든 전업주부든, 엄마든 아빠든 아이 입장에서 하루 10분만 투자하면 충분합니다.

하루 10분이면
충분합니다

하루 10분이 짧다고 생각되시나요? 그렇다면 일주일에 70분은 어떤가요? 한 달이면 5시간이고, 1년이면 약 61시간입니다. 아직도 짧은 시간처럼 느껴지시나요?

누구나 가능한
하루 10분의 기적

언제부터인가 우리는 10분 안팎으로 인생의 희로애락을 담거나 경험하는 일이 많아졌습니다. 10분 안에 필요한 정보를 얻기도 하고, 위로를 받기도 하고, 잃었던 웃음을 찾기도 하지요. 현대인이 가장 많이 사용하는 동영상 공유 서비스 유튜브가 바로 대표적인 예입니다. 유튜브 채널을 운영하는 사람들은 보통 10분을 기준으로 콘텐츠를 만드는 것이 일반적이에요. 그 이상 길어지면 사람들이 지루함을 느끼기 때문입니다. 10분보다 더 짧은 3~5분의 코미디 콘텐츠로 삶의 활력을 불어넣기도 합니다. 저도 10분이 채 안 되는 유튜브를 보며 깔깔 웃은 경험이 많습니다. 또 어떤 사람들은 출퇴근 시간 10분을 활용해 꾸준히 영어 공부를 하기도 합니다.

하루 10분의 기적은 유튜브에만 국한되지 않습니다. 시험 전 쉬는 시간 10분은 '초집중'의 시간이에요. 효율성 면에서 최고이지요. 직장인이나 수험생이 점심시간에 갖는 10분의 꿀잠은 오후 업무나 공부를 위한 충전의 시간이고요. 저는 집중력이 부족한 아이에게는 '10분 공부'를 권합니다. 10분이라는 시간은 크게 부담스럽지 않거든요. 별것 아닌 듯 시작한 공부지만 약속된 10분을 잘 채우면 충분히 칭찬을 해줘요. 공부로 칭찬을 받은 아이는 조금씩 공부에 흥미를 갖게 되고, 이렇게 10분 공부에 익숙해지면 '10분씩 나눠 3번' '10분씩 나눠 5번' 도전을 제안합니다. 의외로 이 도전을 흔쾌히 받아들이는 아이들이 많더라고요. 10분은 무언가 새로운 일, 어려운 일을 시작하기에 매우 좋은 시간인 듯해요.

물론 하루 10분의 도전이 늘 기적을 만드는 것은 아닙니다. '하루 10분으로 뭘 하겠어?' 하고 생각하는 사람과 '하루 10분이라도 꼭 집중하겠어!' 하고 생각하는 사람은 분명 차이가 있습니다. 어떤 마음가짐으로 시작하느냐는 어떻게 10분을 보내느냐를 결정해요. 그러니 똑같은 10분이더라도 결과는 달라질 수밖에 없지요.

하루 10분의 기적은 누구에게나 열려 있어요. 시간만큼 공평한 것은 없으니까요. 하지만 누가 하루 10분의 기적을 만드느냐는 마음가짐에 달려 있습니다. 굳은 마음은 열정과 집중력을 발휘하게 하고 반복된 행동을 만들지요. 누적된 행동은 어느 순간 습관이 되고요. 이렇게 형성된 한 사람의 습관은 그 사람의 가치관과 인생을 의미하기도 합니다.

마음과 마음이 이어지는 소중한 경험, 퀄리티타임

대학에서 아동학을 전공한 우주 엄마는 직장인이자 대학원생입니다. 1년의 출산휴가를 마치고 복직을 했어요. 처음 아이가 18개월이 되어 어린이집을 보냈을 때는 적응을 잘한다 싶었지요. 그런데 엄마가 대학원을 다니기 시작한 25개월부터 등원 거부가 심해졌습니다. 우주를 돌봐줄 수 있는 조부모님도 근처에 사시는 것이 아니라서 꼭 어린이집에 가야 하는 상황이에요. 아침마다 우는 우주를 안고 어린이집을 보내야 하는 엄마는 마음이 너무 아팠어요. 사실 아이 입장이 이해가 안 되는 것은 아닙니다. 엄마가 아침에는 일찍 출근하고, 저녁에는 주 2회씩 대학원 수업으로 밤 11시가 넘어서야 집에 돌아오니까요. 주말이 되어도 과제며 밀린 집안일이며 정신없이 바빠 아이와 오롯이 함께 보낼 수 있는 시간을 잘 내기 어려웠지요.

아동학을 전공해 아동발달과 애착의 중요성을 공부한 엄마는 더욱 불안해질 수밖에 없었어요. 무언가 특단의 조치가 필요했습니다. 엄마는 자신이 옆에 없어도 항상 우주를 생각하고 사랑한다는 마음을 전해줘야겠다고 생각했어요. 그래서 대학원에 가는 날에는 엄마가 없을 때 우주가 볼 수 있도록 우주와 함께 찍은 사진과 편지를 정성껏 마련했지요. 엄마의 따뜻한 목소리로 마음을 담은 사랑 고백도 녹음해 두었고요. 엄마의 향기를 느낄 수 있는 옷과 소품도 준비했습니다. 그 이후로도 엄마의 늦은 귀가는 계속되었지만 우주는 더 이상 외롭지 않았어요. 우주가 엄마를 보고 싶어 할 때마다 아빠는 엄마의 사진을 보여주고 녹음된 목소리를 들려주었습니다. 잠을 잘 때도 엄마의 옷을 꼭 껴안고 잠들었지요. 엄마의 옷을 껴안고 잔 우주는 아침에 일어나 꿈속에서 엄마와 같이 재밌게 놀았다는 이야기를 종종 했다고 합니다. 꿈에서 엄마랑 즐겁게 논 우주는 점차 기분 좋게 어린이집을 등원하게 되었어요.

세상에는 '상황은 가능하나 하고 싶지 않은 일'이 있고 '상황이 되지 않아 할 수 없는 일'이 있어요. 최선을 다하지만 어쩔 수 없이 안 되는 상황이라면 부모가 너무 좌절하고 미안해해서는 안 됩니다. 우주 엄마가 출근을 해야 해서 일찍 나가는 것, 대학원 수업 때문에 늦게 귀가하는 것은 어쩔 수 없는 상황이에요. 엄마가 아이의 마음을 무시해서 벌어진 일이 아닙니다. 우주 엄마처럼 어쩔 수 없는 상황에 놓이면 아이의 마음을 잘 헤아려 대안을 마련하면 됩니다. 비록 엄마와 함께 있고 싶은 우주의 마음을 100% 충족시키지 못하더라도 더 이상 엄마의 사랑을 의심하지는 않았을 겁니다.

내 아이와의 퀄리티타임은 부모 마음과 아이 마음이 연결되는 소중한 경험을 의미해요. **온 마음을 다해 아이에게 집중하고, 아이의 마음을 헤아리려는 노력에서 비롯되지요.** 아이를 부드럽게 만질 수 있고 안아줄 수 있으면 더없이 좋습니다. 병원에 계신 부모님을 간호해야 하는 상황 때문에 아이를 직접 안아주지 못한다고 해서 실망하지 않아도 됩니다. 마음과 마음은 눈에 보이지 않아도, 직접 만질 수 없어도 이어질 수 있으니까요.

10시간을 아이와 한 공간에 있어도 마음과 마음이 이어지는 경험이 없다면 아이는 성장하지 않아요. 하루 10분 퀄리티타임으로 마음이 이어진다면, 이런 강력한 경험이 반복되고 누적된다면 분명 아이는 상상 이상으로 잘 성장할 겁니다.

아이가 원하는 퀄리티타임은 따로 있다

퀄리티타임에 대해 좀 더 구체적으로 알아볼게요. 퀄리티타임(Quality Time)의 사전적 의미는 가족 등 친밀한 사람과의 소중한 시간, 특히 퇴근 후 자녀와 함께 보내는 시간을 뜻해요. 보통 아이의 성장을 돕는 10분 놀이로 활용되지요. 저는 퀄리티타임을 놀이로만 국한하고 싶진 않습니다. 짧지만 의미 있는 경험, 친밀함을 형성할 수 있는 시간이라면 모두 퀄리티타임이라 할 수 있거든요. 반대로 아무리 즐거운 놀이를 하고, 비싼 장난감을 사줘도 마음과 마음이 이어지지 않았다면 퀄리티타임이라고 할 수 없습니다.

아이의 선택과 감정을 인정해야 하는 이유

예를 들어볼게요. 맞벌이 부부인 태주네 가족은 주말에 아이와 놀이동산에 가기로 계획했어요. 태주를 위해 특별한 시간을 준비한 것이지요. 놀이동산 입구에는 작은 동물원도 있었어요. 토끼, 염소, 돼지, 타조 등 아이가 좋아할 만한 동물들이 많았지요. 아이들은 너도나도 동물에게 먹이를 주느라 정신이 없었어요. 태주 부모님도 태주가 먹이 주는 체험을 해보기를 바랐지만 이상하게도 태주는 전혀 관심이 없었어요. 돼지는 냄새가 난다며 근처에도 가지 않았고, 타조는 무섭다며 줄행랑을 쳤고, 토끼와 염소에게 먹이 주는 것도 거부했어요. 태주는 오직 바닥에서 기어다니는 개미에만 관심이 있었습니다.

엄마: 개미는 집 앞 놀이터에 가도 있어. 저기 봐봐. 토끼가 풀 먹는다.

이왕 동물원에 왔으니 자주 볼 수 없는 동물에 관심을 보이면 좋으련만. 엄마의 마음과 달리 태주는 꿈쩍도 하지 않았어요. 동물 먹이 주기 체험은 아쉽지만 다음 기회로 넘기기로 했어요. 태주 부모님은 그깟 개미를 보는 것으로 시간을 허비하고 싶지 않았습니다. 그래서 태주를 안고 계획대로 놀이동산에 들어갔지요. 오늘 하루 아이와 정말 제대로 놀아주리라 마음먹고 자유이용권까지 구입해서요.

엄마의 눈에는 회전목마, 매직 붕붕카, 미니 바이킹, 어린이 범퍼카, 스윙팡팡 등 5세 태주에게 적합한 놀이기구가 곳곳에 보였어요. 하지만 태주는 놀이기구가 무섭다며 마음에 들어 하지 않았습니다. 회전목마는 엄마랑 같이 타면 타겠다고 해서 겨우 태웠지만, 스윙팡팡은 아빠가 옆에 탔는데도 무섭다며 자지러지게 우는 거예요. 급기야 놀이기구가 움직이고 있는 도중에 태주가 계속 일어나서 결국 관리요원이 놀이기구를 멈춰야 했습니다. 다른 가족들에게 미안한 마음에 태주 부모님은 태주를 데리고 급히 자리를 뜰 수밖에 없었어요.

이때부터 태주의 짜증이 시작되었어요. 아빠는 다리가 아프다는 태주를 30분 넘게 안고 다녔습니다. 사실 태주 아빠는 아직 아이가 어리다며 놀이동산 가기를 반대했어요. 예상대로 아이도 좋아하지 않고, 자신의 체력도 떨어지니 아빠도 덩달아 짜증이 났습니다. 그러다 쉴 곳을 찾아 들어간 분식 코너에서 태주는 주스를 옷에 쏟고 맙니다. 여벌옷이 없어 엄마도 당황스러웠지요. 결국 그냥 집에 가자는 아빠와 이왕 왔으니 하나라도 더 태워보고 가자는 엄마 사이에 마찰이 생기고 말았어요. 부모님의 다툼을 보며 태주의 마음은 더욱 위축되었습니다. 안타깝게도 태주를 위한 주말 이벤트는 엉망진창이 되고 말았어요.

부모는 늘 아이에게 좋은 것을 주고 싶습니다. 아이에게 뭔가 새롭고 특별한 것을 해줘야 할 것 같은 강박을 갖고 있는 부모도 많고요. 거창한 추억을 만들어줘야 부모로서 최선을 다한 느낌이 들기도 해요. 일주일의 피곤이 쌓인 주말에 태주 부모님을 사람들로 붐비는 놀이공원까지 가게 한 힘은 바로 이런 이유 때문이겠지요. 주변에서 흔히 볼 수 있는 개미보다 좀 더 특별한 동물을 경험하게 해주고 싶은 엄마의 마음도 분명 아이를 위한 마음이에요. 아마 여러 놀이기구를 통해 태주에게 새로운 도전과 용기, 재미도 주고 싶었을 겁니다.

하지만 아이를 위한 부모의 선택이 늘 옳다고는 할 수 없습니다. 특히 아이와 부모의 선택이 서로 다를 경우에는 주의가 필요해요. 부모의 선택을 일방적으로 강요하거나 따르도록 유도하면 아이는 자신의 선택이 무시당했다는 느낌이 들 수 있습니다. 왜냐하면 아이의 선택(개미 관찰)을 부정하면 '개미 관찰=시시하고, 재미없고, 옳지 못한 일'이라는 부정적 느낌을 갖게 될 수 있거든요. 마음이 이어지는 경험이란 자신의 선택과 감정을 오롯이 인정받는 순간을 말해요. 자신의 선택과 감정을 인정받지 못한 상황에서는 아무리 비싸고 좋은 것을 경험해도 결코 유익하고 즐거운 경험이 될 수 없습니다.

아이가 원하는 퀄리티타임은 따로 있다

배우자와 연애하던 때를 기억하시나요? 연애 초기, 상대에게 호감을 얻기 위해서는 상대가 좋아하는 것을 빨리 알아차리는 것이 중요하지요. 그러니 자연스레 "무슨 음식 좋아해요?" "바다가 좋아요, 산이 좋아요?" "캠핑을 선호해요, 호캉스를 선호해요?" 등 수많은 질문을 쏟아내게 되고요. 재미있는 사실은 연애를 잘하는 사람은 이런 질문을 하지 않고도 상대의 스타일이나 분위기를 보고 곧잘 상대의 감정을 알아차린다는 겁니다. 반면 연애 경험이 부족한 사람은 "오늘 점심 뭐 먹을래요?"라는 질문에 "아무거나요."라는 대답을 들으면 정말 자기 마음대로 고르는 경향이 있어요. 그 선택은 하필 상대가 좋아하지 않는 음식, 그날의 분위기와 맞지 않는 장소인 경우가 많습니다.

짧은 시간에 질 좋은 관계를 형성하기 위해서는 상대를 잘 알고 이해하는 것, 상대가 원하는 것을 정확하게 파악하는 것이 중요해요. 내가 주고 싶은 것을 주어서는 안 되지요. **아이와의 퀄리티타임도 마찬가지입니다. 아이가 원하는 것, 아이가 기대하는 것을 존중하는 자세에서 출발해야 합니다.** 아동발달과 아동심리를 공부하고, 20년간 아이들의 눈을 보고 그들과 진정으로 소통하고 나니 비로소 느낄 수 있었어요. 아이들이 무엇을 싫어하고 무엇을 원하는지를요.

아이들은 온라인 수업을 들었는지 안 들었는지, 숙제를 했는지 안 했는지를 확인하는 **관심**은 받고 싶어 하지 않아요. 또 첫째 아이는 대개 부모가 말로는 자신을 가장 사랑한다 하면서 동생만 껴안고 있는 모습에 혼란스러움을 느낍니다. 부모의 **포근한 가슴과 따뜻한 스킨십**은 '형'이 되어도 그립습니다. 아이들은 "잘했어." "훌륭해." "멋져."라는 결과 중심의 **칭찬**에 조금씩 마음의 병이 생기고 있어요. 아이들은 자신의 미래를 걱정하며 매일 똑같은 말을 반복하는 잔소리는 **대화**라고 느끼지 않습니다. 학습을 가장한 **놀이**도 즐겁지 않고요. 부모 혼자 다 이기고 "게임은 정정당당히 하는 거야." 라는 말을 들어도 별로 행복하지 않지요.

아이들은 특별함보다는 일상에서 느끼는 소박한 행복을 원했습니다. 반복된 루틴은 안정감을 주거든요. 아이들은 매일 자신을 향해 지긋이 웃어주는 부모의 **관심**을 바랐어요. 자신의 일상을 공유하는 소소한 **대화**를 원했고요. 실패와 실수에도 따뜻하게 안아주는 **부모의 품**을 기대했어요. 자신을 있는 그대로 믿고 기다려주는 **격려**에 힘을 얻었지요. 짧은 시간이라도 집중해서 같이 웃고 함께 즐기는 **놀이시간**으로 행복해 했습니다.

부모는 아이의 마음이 궁금합니다. 그래서 자주 답답함을 느끼고 네가 원하는 것을 똑바로 말하라고 다그치지요. 하지만 감정 인식과 감정 표현이 서툰 우리 아이들은 자신의 감정을 세밀하게 표현하기 어려워해요. 또 어느 정도의 연령이 되기 전까지는 부모가 주는 것은 좋은 것인 줄 알고 그대로 받아들이는 경우가 대부분이고요. '부모가 좋아하는 것=자신이 원하는 것'이라고 생각하는 경우도 많아요. 일주일에 12개 학원을 다니면서도 부모가 실망할까 봐 힘들다는 말 한마디 못 하는 아이들이 바로 이런 아이들이지요.

저는 이 책에서 진정으로 아이들이 원하고 기대하는 진짜 관심, 진짜 스킨십, 진짜 칭찬, 진짜 대화, 진짜 놀이를 분명하게 전달하려고 합니다. 그래야 진정한 퀄리티타임이 될 수 있거든요. 아이의 마음을 명확하게 대변해주는 것이 부모의 올바른 역할이라고 믿습니다. 세상에서 내 아이를 가장 사랑하는 사람은 분명 부모 자신이니까요.

퀄리티타임의 다섯 가지 요인과 10계명

모든 부모는 내 아이가 행복해지길 간절히 희망합니다. 부모의 의도를 의심할 필요는 없지요. 하지만 부모가 어떻게 행복을 정의하고 행복의 조건을 생각하느냐에 따라 양육 방식이 달라지니 주의가 필요해요. 훗날 '이렇게 키워야 아이가 행복해질 줄 알았어요.'라고 후회해봐야 소용없거든요.

몇 년 전 EBS에서 방영한 행복에 관한 연구를 소개해드릴게요. 하버드대학교 졸업생을 대상으로 실시한 행복의 조건에 관한 연구였어요. 연구 결과, 행복의 조건은 세 가지였습니다. 첫째는 '나는 누구랑 있는가?'와 같은 '관계'이고, 둘째는 '나는 무엇을 하는가?'

와 같은 '활동'이고, 셋째는 '나는 어떤 마음으로 세상을 보는가?'와 같은 '관점'이었습니다.

먼저 인간이 행복을 느끼는 데 있어 **관계**는 빼놓을 수 없는 필수 요인입니다. 특히 가족이나 친구와의 관계가 가장 중요하지요. 따라서 내 자녀가 행복한 아이로 자라기 위해, 부모 자신이 행복하기 위해서는 긍정적인 '부모-자녀' 관계가 그 무엇보다 최우선이에요.

활동은 내가 무엇을 하면서 시간을 보내고, 어떤 장소에 있느냐와 관련이 있습니다. 보통 행복을 이야기할 때 "현재에 집중하라." "강도가 아닌 빈도를 늘려라." 등의 이야기를 하잖아요? 즉 내 자녀가 현재 행복하길 원하고 미래에 행복한 사람이 되길 바란다면 '지금-여기'에서 아이와 부모가 즐거운 시간, 행복한 순간을 많이 경험하는 것이 중요해요. 어제도 행복했고, 오늘 지금 이 순간도 행복한 아이라면 분명 내일도 행복할 가능성이 높거든요.

마지막 **관점**은 인간이 세상을 바라보는 시선에 관한 내용입니다. 같은 상황도 부정적으로 바라보느냐, 긍정적으로 바라보느냐에 따라 행동이 달라지잖아요. 또 세상을 바라볼 때 누구와 비교하는 것이 아닌 자신의 존재 자체에 기준을 두는 것이 중요하고요. 즉 매일 조금씩 성장하는 자신을 발견하는 사람만이 진정한 행복을 느낄 수 있지요. 부모가 그 누구도 아닌 내 아이의 감정에, 작은 성장에 집중해야 하는 이유입니다.

퀄리티타임을 결정하는 다섯 가지 요인

하루 10분 퀄리티타임은 아이의 행복과 부모의 행복을 목적으로 만들어진 양육 방식입니다. 앞서 제시한 행복의 조건대로 현재 아이와 함께하는 시간에 집중할 수 있는 방법, 일상에서 행복감을 느낄 수 있는 질 좋은 경험의 빈도를 늘리는 방법, 아이의 자존감과 유능감 등 성장을 돕는 방법, 마지막으로 '부모-자녀' 관계를 긍정적으로 형성하기 위한 방법을 다룰 것입니다.

퀄리티타임을 결정하는 다섯 가지 요인, 즉 '관심' '스킨십' '칭찬' '대화' '놀이'는 유아교육학과 교수 3인과 아동상담 전문가 2인의 자문을 바탕으로 구성했습니다. '부모-자녀' 관계 형성에 필요한 이 다섯 가지 요인을 충족하기 위해서 반드시 알아야 할 기본적인 정보뿐만 아니라, 그 과정에서 생길 수 있는 구체적인 사례를 넣어 쉽게 적용할 수 있도록 구성했습니다.

하루에 퀄리티타임의 모든 요인을 한꺼번에 적용할 필요는 없습니다. 하루에 한 가지도 좋고, 두 가지를 복합적으로 활용해도 좋아요. 예를 들어 월요일에는 아이에게 진심 어린 관심을 보이고, 화요일에는 포근한 부모의 품으로 안아주는 스킨십을 하고, 수요일에는 작은 노력에도 칭찬과 격려를 아끼지 않고, 목요일에는 아이의 고민이나 감정을 관찰했다가 마음을 터놓고 대화하고, 금요일부터 주말까지는 하루 한 가지라도 아이와 집중해서 즐겁게 놀이를 하는 것입니다.

만약 퀄리티타임 육아를 생활 속에서 좀 더 적극적으로 활용해 보고 싶다면 매일 아이와 어떤 퀄리티타임을 경험했는지 짧게 메모해놓는 것도 좋아요. 예를 들어볼게요.

4월 6일 월요일: 관심
아이가 친구 선영이를 집에 데려와 놀고 싶다고 해서 허락을 해줬다. 뭐가 그리 좋은지 싸우지도 않고 노는 모습이 너무 귀여워 "선영이랑 놀면 뭐가 그리 좋아?"라고 묻자, "선영이는 나랑 노는 게 잘 맞아. 걔도 슬라임 좋아하고 나도 슬라임을 좋아해."라고 말한다. 노는 것도 좋고, 친구랑 성향도 잘 맞으니 오늘 아이가 참 행복해 보였다.

4월 9일 목요일: 대화
아침부터 아이가 어린이집을 가지 않겠다고 떼를 부렸다. 계속 떼를 쓰길래 왜 그러냐고 물었더니 아이가 되레 나에게 묻는다. "왜 어린이집을 가야 하는데? 나는 어린이집 친구들보다 엄마랑 노는 게 더 좋은데." 아이는 아직 어린이집을 가야 하는 이유를 정확히 모르는 걸까? 아니면 아는데 가기 싫은 마음을 조절하지 못하는 걸까? 아니면 친구랑 노는 게 재미가 없는 걸까? 만약 내일도 어린이집을 가지 않겠다고 떼를 부리면 좀 더 구체적으로 대화를 해봐야 할 것 같다.

4월 11일 토요일: 놀이
오늘 자녀교육서에서 배운 대로 휴지를 갖고 아이랑 놀이를 했다. 매일 보고, 매일 쓰는 휴지일 뿐인데 아이가 이렇게 좋아할 줄이야. 다음번엔 비닐봉지로 놀아볼까? 조금씩 아이와 노는 게 즐겁고, 부담이 없어지는 기분이다.

짧게 2~3줄씩이라도 아이와 하루하루 어떤 퀄리티타임을 보냈는지 적은 메모가 누적되었다고 상상해보세요. 부모로서 자신이 어떤 부분을 놓치고 있는지 스스로 반성할 수 있는 자료가 될 거예요. 또 아이의 감정과 행동 등 변화의 흐름을 파악하는 데 요긴하게 쓰일 것입니다. 아이에게 욱하거나 즉흥적으로 대화하기보다 좀 더 정리된 언어로 대화할 수 있게 될지 몰라요. 무엇보다 나중에 성장한 아이가 이 메모를 보게 되면 부모가 얼마나 정성으로 자신을 키웠는지 새삼 감동을 받게 되지요. 요즘은 인스타그램이나 블로그 등에 육아일기를 많이 적곤 하는데요. SNS도 좋지만 한 글자 한 글자 직접 쓴 부모의 손글씨는 분명 또 다른 감동으로 다가올 것입니다. 이 과정을 통해 부모도 아이도 함께 성장하는 시간이 될 수 있기를 기도할게요.

반드시 기억해야 할 퀄리티타임 10계명

자, 이제 사랑하는 내 아이와 함께 퀄리티타임을 보낼 준비가 되셨나요? 본격적인 퀄리티타임의 내용과 방법을 다루기 앞서 퀄리티타임을 요약한 10계명을 소개해드릴게요. 목차를 알고 공부하면 훨씬 머릿속에 정리가 잘 되듯이 10계명을 알면 가야 하는 방향을 분명하게 알 수 있을 거예요. 10계명을 예쁜 메모지에 적어 주방 싱크대나 냉장고 문 앞에 걸어두고 자주자주 보시기를 권해드려요. 잠깐 스쳐지나가는 메모일지라도 양육 과정에서 자칫 빠뜨리거나 소홀해진 부분이 없는지 점검하는 데 큰 도움이 될 것입니다. 아이의 발달도 언어, 인지, 사회, 정서, 자조행동이 골고루 성장하는 전인발달이 중요하듯이 양육도 균형 잡힌 기초가 중요하다는 점을 기억하기 바랍니다.

1. 퀄리티타임의 목표는 아이와 부모 모두의 행복입니다(좋은 '부모-자녀' 관계, 자유로운 활동, 아이의 존재 자체에 집중해보세요).
2. 퀄리티타임은 특별한 곳에 있는 것이 아니라 일상에 있습니다(일상 속에서 관심, 스킨십, 칭찬, 대화, 놀이를 실천해보세요).
3. 관심은 특별한 관계의 시작입니다(간섭이나 잔소리가 아닌 진짜 관심을 표현해주세요).

4. 스킨십은 아이에게 해줄 수 있는 최고의 선물입니다(하루 3번 아이와의 스킨십을 잊지 마세요).
5. 칭찬만 잘해도 내 아이의 자존감이 올라갑니다(온화한 미소로 과정 중심의 격려를 해주세요).
6. 대화는 20년 후, 내 아이가 부모를 어떤 이미지로 생각할지를 결정합니다(올바른 대화를 통해 아이의 자율적 도덕성, 자기조절능력을 키워주세요).
7. 놀이는 아이의 삶이자 소통의 통로입니다(놀아주려 애쓰지 말고 놀이 속으로 들어가 함께 즐기세요).
8. 퀄리티타임에서 부모 역할은 진정으로 아이의 마음에 몰입하는 것입니다(하루 10분, 내 아이의 마음에 부모의 눈과 귀, 온 마음을 집중해보세요).
9. 퀄리티타임은 누적되어야 가치가 나타납니다(매일 빠뜨리지 말고 하루하루 행복한 추억을 쌓아보세요).
10. 퀄리티타임을 실천하려는 부모는 이미 충분히 훌륭한 부모입니다(불안해하지 말고 퀄리티타임의 결과를 믿고 실천해보세요).

부모가 타인과 비교하거나 외부에 흔들리지 않고 아이의 마음에 집중해 퀄리티타임 육아를 실천한다면 아이의 정체성을 형성하는 데 큰 도움이 될 것입니다. 긍정적인 자아정체성이 형성된 아이는 유연한 사고를 바탕으로 소신 있는 사람으로 자랄 거예요. 또 변화에 당황하지 않고 주어진 상황을 자신의 것으로 만들 수 있는 인재로 성장할 것이고요. 부모와 꾸준히 퀄리티타임을 즐긴 아이가 미래의 주역이 될 것임을 확신합니다.

퀄리티타임 2

관심으로 관계 짓기

하나 | 무관심은 상처를, 관심은 특별한 관계를

둘 | 잔소리와 관심의 차이

셋 | 말솜씨가 없어도 괜찮아요

넷 | 관심도 단계별로

다섯 | 정서에 집중해요

여섯 | 핵심은 '구체적'인 관심

일곱 | 부모 관심의 우선순위는 무엇인가요?

무관심은 상처를, 관심은 특별한 관계를

누군가에게 지속적인 관심이 있다는 것은 '특별한 관계'라는 의미입니다. 특히 가족구성원 간의 관심은 인간의 기본적인 욕구예요. 아이는 때로 부모가 자신을 쳐다보고 있다는 것만으로 용기를 얻고 위로를 받기도 합니다. 엄마의 미소 띤 표정은 아이로 하여금 '엄마는 내가 그렇게 좋을까?'라는 생각을 갖게 합니다. 부모의 관심으로 인해 애정과 신뢰, 안도감을 느꼈기 때문입니다.

문제는 이러한 기본 욕구가 충족되지 못하면 마음의 결핍과 상처가 생긴다는 겁니다. 부부 관계에서 특별한 갈등이 없어도 무관심이 큰 상처가 되는 이유가 바로 이 때문이지요. 양육에서도 마찬가지입니다. 제대로 잘 키우겠다는 다짐과 노력보다 결핍이 생기지 않게 키우는 것이 더 중요해요. 왜냐하면 어릴 적 마음의 결핍과 상처는 분노, 우울, 무기력, 낮은 자존감과 같은 부정적 정서를 만들 수 있거든요.

부모도 아이에 대한 공부가 필요

로희 가족의 이야기를 들려드릴게요. 어느 날 초등학교 1학년 로희의 엄마가 상담센터를 찾았습니다. 담임선생님이 로희가 또래와 자주 갈등을 벌이고 자존감이 낮아 보이니 상담을 받아보라고 권하셨다는 겁니다. 저는 애착 관계와 놀이발달 수준, 타인과의 갈등 해결 유형 등을 살펴보기 위해 '부모-자녀 상호작용검사(MIM)'를 권해드렸어요. 이는 놀이검사를 통해 부모와 자녀의 상호작용 관계의 질을 평가하기 위해 고안된 임상도구입니다. 그런데 엄마는 놀이검사를 할머니와 진행하면 안 되겠냐고 하셨어요. 엄마 본인은 직장생활을 하느라 아이에 대해 잘 모른다면서요. 저는 아무리 할머니가 주양육자라 할지라도 로희와 엄마가 '모녀 관계'라는 것은 변하지 않음을 말씀드렸어요. 또 '부모-자녀 상호작용검사'는 현재의 애착 관계뿐만 아니라 앞으로 엄마가 아이에게 미칠 영향과 관계성을 예측할 수 있기 때문에 매우 중요하다고 설득했지요. 결국 엄마가 직접 놀이검사를 진행하게 되었습니다.

엄마: 하고 싶은 거 해봐.

로희: (인형의 집 앞에 앉는다.)

엄마: 아직도 이런 걸 가지고 놀아?

로희: (인형을 바닥에 내려놓고 다른 곳으로 가며) 친구들도 많이 해.

엄마: 야! 정리하고 가야지.

로희: (보드게임 '상어아일랜드'를 가져와 교구를 바닥에 쏟는다.)

엄마: 살살 놔야지. 깨지겠다. 너 이런 것도 알아? 이건 어떻게 하는 거야?

로희: 상어가 와서, 탁 쳐서, 떨어지면 지는 거야.

엄마: 뭐? 자세히 알려줘야지.

로희: 아니, 상어한테 잡히면 안 된다고! 빨리 해!

엄마: 그러니까 언제 잡히는데?

로희: 그냥 하라고!

엄마와 딸이 함께 같은 놀잇감을 바라보고 있지만 서로 답답해하는 느낌이 들었습니다. 빨리 놀고 싶은 아이와 모르겠으니 잘 알려달라는 엄마 사이에는 조금씩 부정적인 감정이 올라오고 있었지요. 엄마가 어리둥절한 상태에서 진행한 첫 번째 게임은 로희가 이

졌어요. 자세히 들여다보니 로희는 점수가 높은 코인을 자기 발밑에 숨겨 놓는 반칙을 하고 있었지요. 이를 눈치챈 엄마가 지적하자 결국 로희는 게임을 그만하겠다고 했어요. 로희는 사용한 놀잇감을 전혀 정리하지 않았고, 미술 재료는 함부로 사용했지요. 이것저것 하고 싶은 놀이는 많지만 제대로 끝까지 진행하지 않는 집중력 문제도 관찰되었습니다.

하지만 저는 로희의 행동 문제보다 엄마가 더 걱정이었어요. 왜냐하면 엄마는 로희에 대해 모르는 게 너무 많았거든요. 로희의 발달 수준보다 높은 기대를 갖고 있었고 아이가 어떤 놀이를 좋아하는지, 선택한 놀이를 해본 경험이 있는지 전혀 알지 못했어요. 로희에 대해 아는 것이 적으니 소통도 잘 되지 않았고요. 엄마는 로희의 행동 문제가 이해되지 않는다는 듯 하나하나 지적했는데, 덕분에 30분의 놀이시간은 정말이지 갈등과 비난의 연속이었습니다.

저는 너무 안타까웠어요. 엄마가 로희에게 관심이 없거나 로희를 사랑하지 않은 건 아닐 테니까요. 사랑하는 딸과 거리감이 생긴 이유를 엄마 자신은 어떻게 생각하는지 궁금했습니다. 엄마는 자신의 어린 시절을 돌이켜보면 초등학교 입학 전까지는 별로 기억나는 게 없다고 해요. 그래서 유아기까지의 성장을 크게 중요하게 생각하지 않았지요. 본인 스스로 성장하는 동안 부모의 속을 썩이거나 큰 문제를 일으킨 편이 아니었기 때문에 '우리 아이도 크면 나아지겠지.' 하는 믿음이 있었다고 해요.

저의 솔루션을 하나였습니다. 엄마에게 지금부터 로희에 대한 공부가 필요하다고 말씀드렸어요. 다 아는 것 같지만 부모도 내 자녀를 모를 수 있거든요. 내 아이의 기질은 어떤지, 어떤 친구와 친한지, 어떤 놀이를 좋아하는지, 엄마한테 가장 서운했던 점은 무엇인지, 엄마랑 가장 하고 싶은 것은 무엇인지, 나와 다른 시대를 살아가는 아이의 요즘 고민은 무엇인지, 하루 중 언제가 가장 기분이 좋은지, 가장 속상할 때는 언제인지 등 많은 공부가 필요하다고 강조했지요. 아이에 대해 알고자 하는 마음과 아이에 대한 공부가 바로 관심이고, 관심은 곧 관계의 시작이니까요. 아이에 대해 많은 관심을 갖고 깊이 고민하다 보면 다양하고 현명한 해결방법을 찾을 수 있답니다.

하루 10분 퀄리티타임 TIP

내 마음의 그래프

내 아이가 부모에게 가장 듣고 싶은 말은 어떤 말일까요? 내 아이가 부모에게 가장 듣기 싫은 말은 어떤 말일까요? 아이에게 가장 듣고 싶은 말, 듣기 싫은 말을 질문해보세요. 그리고 해당하는 만큼 스티커를 붙여보세요.

- 들으면 너무 행복한(화가 나는) 말: 스티커 5개
- 들으면 기쁜(속상한) 말: 스티커 3개
- 들으면 기분이 좋아지는(나빠지는) 말: 스티터 1개

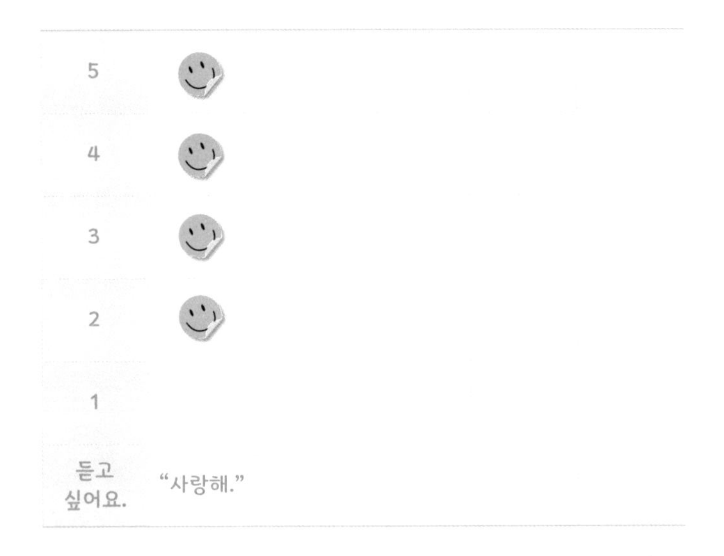

5					
4					
3					
2					
1					
듣기 싫어요.	“숙제 좀 해.”				

나는 내 아이에 대해 잘 알고 있을까?

1. 내 아이가 다니는 유치원(학교)명, 반명, 번호는?
2. 내 아이가 좋아하는 친구 3명의 이름은?
3. 내 아이가 요즘 유치원이나 학교에서 배우는 주제는?
4. 내 아이가 좋아하는 놀이는?
5. 내 아이가 좋아하는 노래는?
6. 내 아이가 가장 최근에 읽은 그림책은?
7. 내 아이가 부모와 가장 하고 싶은 놀이는?
8. 내 아이가 부모와 가장 가고 싶은 장소는?
9. 내 아이가 최근 가장 즐거웠던 일은?
10. 내 아이가 최근 가장 속상했던 일은?
11. 내 아이가 최근 가장 슬펐던 일은?
12. 내 아이가 가장 존경하는 사람은?
13. 내 아이가 유치원이나 학교에 가기 좋아하는(싫어하는) 이유는?
14. 하루 중 내 아이가 가장 행복한 시간은?
15. 하루 중 내 아이가 가장 힘든 시간은?
16. 하루 중 내 아이가 가장 기대하는 시간은?
17. 내 아이가 가장 듣기 좋아하는 말은?
18. 내 아이가 가장 듣기 싫어하는 말은?

진정한 관심은 있는 그대로 수용하는 자세에서 출발한다

아이들은 대부분 한 번쯤 반려동물을 키워보고 싶어 합니다. 특히 요즘은 외동으로 자라는 경우가 많아 함께 놀 친구나 형제 대신 반려동물을 원하곤 해요. 이때 부모가 자주 하는 말이 있지요. "너 강아지 똥 다 치울 수 있어? 목욕도 자주 시켜줘야 해. 매일 산책도 해줘야 하는데 할 수 있겠어?" 동물을 키우려면 좋은 점만 생각할 것이 아니라 힘든 점도 함께 생각해야 한다고요. 동물을 진짜 사랑하는 것은 존재 대상의 있는 그대로를 수용할 수 있어야 한다는 것이지요. 진실로 맞는 말입니다.

아이에 대한 관심도 마찬가지에요. 부모가 보고 싶은 것만 보고, 듣고 싶은 것만 들으면 아이는 있는 그대로 자신이 수용되고 있다는 느낌을 받지 못합니다. 예를 들어볼게요. 아이가 숙제를 다 했는지 여부는 모든 부모의 관심 대상이에요. 하지만 아이가 오늘 하고 싶은 놀이를 다 했는지에 대해 관심을 갖고 있는 부모는 별로 없지요. 아이가 학교에서 칭찬을 받으면 함께 축하해주지만 아이가 속상했던 일, 화났던 일은 진심 어린 위로와 공감보다는 빨리 잊으라고 말하는 경우가 많습니다. 아이의 학습 진도에 맞는 문제집을 고르는 데는 관심을 보이지만 아이가 좋아하는 게임 아이템을 고르는 데는 관심을 가져주지 않아요. 이 경우 아이는 오해를 하게 됩니다. 부모가 '나'를 사랑하는 것이 아니라 '숙제하는 아이' '칭찬받는 아이' '문제집을 푸는 아이'를 사랑한다고요.

승민이와 엄마의 이야기가 바로 같은 예입니다. 엄마는 거실에서 동생 승희의 숙제를 봐주고 있습니다. 6학년이 된 승민이는 방 안에서 3시간째 게임을 하는 중이지요. 엄마는 요새 사춘기가 된 아들과 갈등이 많아져 웬만하면 부딪히지 않고 싶지만 더 이상은 봐줄 수가 없었어요.

엄마: (갑자기 문을 열며) 소리 줄여. 동생 공부하잖아!

아들: (쳐다보지도 않고) 줄였어요.

엄마: (못마땅하게 쳐다보며) 언제까지 게임만 할래? 너 학원 숙제는 안 해?

아들: (대답을 하지 않는다.)

엄마: 그만해! (대답을 하지 않자 더 큰 목소리로) 끄라고! 엄마 소리 안 들려?

아들: (귀찮다는 듯) 들려요.

엄마: 꺼! 끄라고!

아들: (신경질을 내며) 왜요!

엄마: 3시간 넘게 했으니까 끄라고!

아들: 내가 알아서 할 테니까 나가요.

엄마: 뭘 알아서 해! 그만하고 이리 와서 앉아봐.

아들: (의자에서 내려오면서 핸드폰을 잡는다.)

엄마: 핸드폰 뺏기 전에 꺼!

아들: (핸드폰을 내려놓으며 머리를 숙인 채 손을 만지작거린다.)

엄마: 너 아침 먹고 3시간 넘게 게임만 했지? 이제 점심 먹고 학원 갈 시간인데 숙제는 언제 할 건데? 생각이 있는 거야? 널 이해할 수가 없어.

승민이 엄마는 동생의 숙제에는 긍정적인 관심을 보이고 있어요. 엄마가 직접 옆에서 같이 도와주기도 하고, 승민이에게 다가가 동생의 숙제를 방해하지 말라며 경고까지 주었으니까요. 하지만 엄마는 승민이의 게임에는 관심이 없습니다. 오로지 승민이의 학원 숙제에만 관심이 있을 뿐이지요. 자신이 좋아하는 것을 인정받지 못한 승민이는 엄마에게 점점 마음의 문을 닫을 수밖에 없습니다. 엄마의 이야기를 듣고 싶지 않고, 대화하고 싶지 않고, 함께 있고 싶지 않게 되지요. 이제 승민이에게 엄마의 관심은 사랑이 아닌 간섭이고, 엄마의 말은 다 잔소리일 테니까요.

엄마의 바람대로 승민이가 게임을 중단하고 학원 숙제를 하도록 유도할 수 있는 방법은 단 한 가지뿐입니다. 승민이의 게임에 긍정적으로 관심을 가져주는 것이지요. "이 게임의 이름은 무엇이니?" "이 게임에서 넌 어떤 역할이니?" "이 게임이 다른 게임보다 재미있는 점은 무엇이니?" "어떻게 하면 이 게임을 잘할 수 있게 되니?" 등 진심으로 궁금해서 묻는 거예요. 서로의 관심사가 한곳으로 모이면 대화는 자연스럽게 이어질 수 있거든요. 마음이 이어지고 나면 다른 사람의 말을 들을 준비가 되기 때문에 그때서야 비로소 엄마의 바람도 수용될 수 있습니다.

하루 10분 퀄리티타임 TIP

내 아이가 좋아하는 놀이(게임) 수수께끼

1. 내 아이가 좋아하는 놀이(게임)의 이름은?
2. 내 아이가 이 놀이(게임)를 좋아하게 된 시기는?
3. 내 아이가 이 놀이(게임)를 좋아하는 이유는?
4. 내 아이가 하루 중 이 놀이(게임)를 가장 하고 싶은 때는?
5. 내 아이가 좋아하는 놀이(게임)의 방법은?
6. 내 아이가 이 놀이(게임)를 가장 자주 함께하는 대상은?
7. 내 아이가 이 놀이(게임)를 가장 함께하고 싶은 사람은?
8. 내 아이가 좋아하는 놀이(게임)에 캐릭터가 있다면 그 캐릭터의 이름은?
9. 내 아이가 이 놀이(게임)를 마친 후 느끼는 감정은?
10. 내 아이가 이 놀이(게임)에 대해 생각하는 이미지는?

잔소리와 관심의 차이

부모로서 참 답답하고 억울할 때가 있습니다. 부모는 대화를 하고 싶은 건데 아이는 잔소리를 그만하라며 마음의 문을 닫거든요. 부모는 관심을 표현한 건데 아이는 간섭하지 말라고 하고요. 부모는 도움을 주고 싶어서 조언을 하는 건데 아이는 필요 없다는 반응이지요. 이런 갈등이 그리 낯설지는 않습니다. 우리도 아이일 때 부모로부터 같은 느낌을 받은 경험이 있으니까요. 그때는 우리가 부모의 마음을 몰랐으니 갈등이 있었다 하더라도 이제는 우리가 부모가 되어 아이의 마음, 부모의 마음을 모두 알게 되었어요. 그런데도 왜 이런 갈등은 반복되는 걸까요? 분명 좋은 의도로 시작했는데 왜 결과는 좋지 못할까요?

사실 의도가 좋다고 늘 결과까지 좋은 것은 아닙니다. 아무리 좋은 의도로 훈육을 해도 무리한 체벌이 대체로 좋지 못한 결과를 낳는 이유는 방법이 잘못되었기 때문이잖아요. 부모의 관심도 방법이 좋아야 좋은 결과가 생길 수 있어요. 하지만 만일 내가 어릴 적 싫어했던 방식 그대로 아이에게 관심을 표현하고 있다면 세대를 거듭해서 갈등이 생기는 것은 당연한 결과일지 모릅니다.

좋은 방법으로 표현해야 좋은 결과가 나온다

좋은 의도의 관심이 아이에게 진심 어린 진짜 관심으로 표현되기 위해서는 네 가지를 기억해야 해요. 첫째, 누가 원하는 관심인지 확인합니다. 둘째, 언제를 기준으로 두고 하는 말인지 생각합니다. 셋째, 어디를 기준으로 표현하는 것인지 정확히 합니다. 넷째, 관심의 범위가 적합한지 확인합니다.

구체적으로 살펴볼게요. 먼저 **첫째, 누가 원하는 관심인지 확인해야 합니다.** 예를 들어 "숙제했어?" "게임 몇 시간 했어?" "TV 빨리 안 꺼?" 등의 질문은 아이가 원하는 관심이 아니에요. 단지 부모가 아이의 행동을 확인하거나 중재하기 위한 관심이지요. 스스로 원하지 않고 예측하지 못한 관심은 아이에게 자신의 영역을 침범했다는 느낌이 들게 해요. 만약 부모로서 아이의 숙제를 확인하고 도움을 주고 싶다면 아이가 예측할 수 있도록 원하는 시간을 정하게 하는 것이 바람직합니다. 즉 처음부터 다그치는 것이 아니라 "엄마가 언제 숙제를 확인하면 될까?"라고 묻는 것이지요. 이러면 아이는 부모가 자신의 숙제에 관심이 있다는 것을 느끼면서 자신의 영역을 침범했다는 느낌을 받지 않습니다.

관심의 주체가 누구인지에 대한 문제는 아이의 '자율성'이 허락된 관심인지와도 관련이 있어요. 아이에게 자율성이 허락되지 않는 관심은 단지 강요와 강압일 뿐이거든요. 만약 아이의 자율성을 존중한다면 "게임 몇 시간 했어? 빨리 꺼!"라는 확인과 명령보다는 "하루에 게임은 어느 정도 해야 적당하다고 생각하니? 오늘은 적당히 한 것 같니?"와 같은 질문을 하게 될 겁니다. 이 경우 아이는 부모의 관심과 더불어 스스로 자율적 선택을 할 수 있는 여지가 있기 때문에 귀를 닫지 않을 겁니다.

둘째, 언제를 기준으로 두고 말하는 것인지 생각해야 합니다. 그 이유는 '과거 중심'이 아닌 '미래 중심'으로 이야기해야 하기 때문이에요. 예를 들어 아이가 놀잇감을 정리하지 않아 방이 지저분한 상황이라 가정해볼게요. 과거를 기준으로 관심을 표현하면 "너 벌써 몇 번째야? 엄마랑 놀이한 것은 그때그때 정리하기로 했어, 안 했어?"라고 말하게 되지요. 하지만 미래를 기준으로 관심을 표현하면 "우리는 지금부터 방을 정리할 거야. 넌 어떤 것을 정리할래? 엄마는 어떤 것을 정리할까?"라고 말하게 됩니다. 실패와 실수를 거듭하는 아이에게 과거의 잘못을 끄집어내서 말하면 아이는 '듣기 싫은 잔소리' '비난하는 말'로 느끼게 됩니다. 그러면 의도와 다른 결과가 나올 가능성이 높아지지요.

셋째, 어디를 기준으로 표현하는 것인지 정확히 해야 합니다. 즉 아이가 받을 손해를 기준으로 말하지 말고 혜택과 보상을 기준으로 말해야 합니다. 예를 들어 밥을 입에 물고 있는 아이에게 "빨리 안 삼키면 이빨 다 썩어서 병원 가야 해."라고 말하는 것은 손해를 기준으로 말하는 것입니다. 또 "빨리 밥 안 먹으면 놀이터 안 나갈 거야." "밥 잘 안 먹어서 이제 산타할아버지가 선물 안 준다."라고 말하는 것도 같은 방식이고요. 이 경우 아이가 받을 피해와 부작용을 언급하다 보니 뜻하지 않은 협박의 말이 나오게 됩니다. 이런 말을 자주 듣고 자란 아이는 협박으로 인한 타율적 강압으로 행동하는 데 익숙해지기 때문에 주도적인 아이로 자라기 어려울 수 있습니다. 즉 의존적인 아이로 자랄 가능성이 높아지게 되지요. 따라서 아이의 부적절한 행동에 대한 관심은 손해를 기준으로 말하기보다 혜택과 보상을 기준으로 말하는 것이 좋아요. 예를 들어 "밥 빨리 먹고 엄마랑 놀이터에 나가 놀자." "산타할아버지! 우리 준호 좀 보세요. 엄청 밥 잘 먹어요. 꼭 준호도 선물 주세요."라고 말하는 것이지요.

마지막으로 넷째, 관심의 범위가 적합한지 확인합니다. 관심은 아이의 심리적 안전지대를 침범하지 않는 선에서 이뤄져야 합니다. 즉 아무리 의도가 좋아도 시어머니가 우리집 현관문을 아무 때나 열고 들어오면 며느리 입장에서는 기분이 상할 수 있잖아요? 마찬가지로 아이에게 도움을 주고 싶은 관심의 표현일지라도 무례한 관심은 오히려 상처를 줄 수 있어요. 예를 들어 아이의 허락 없이 성적표를 몰래 보고 성적에 대해 비난하거나, 갑자기 가방 검사를 하는 것 등이 대표적인 사례예요. 반대로 아이의 성적을 굳이 먼저 묻지 않는 부모도 있잖아요? 이는 아이의 성적에 관심이 없어서가 아니라 보여주고 싶지 않은 아이의 마음을 배려하기 때문입니다. 만약 어쩌다 성적표를 보게 되었다 하더라도 떨어진 성적에 아이가 속상해하는 게 느껴진다면 "요즘 걱정되는 것이 있니? 성적이 오르지 않아 걱정이야?"라고 질문해야 합니다. 이 경우 아이는 부모의 관심이 진짜 걱정으로 느끼거든요.

"살아서 장까지 간다."라는 모 유산균 음료의 광고 카피를 기억하시나요? 아이를 사랑하고 걱정하는 부모의 말도 오해 없이 아이의 마음에 잘 도착되어야 합니다. 아이에게 도착하기도 전에 차단되거나 왜곡된다면 하지 않느니만 못하거든요. 제가 제시한 네 가지 기준을 바탕으로 아이에게 긍정적인 영향을 미칠 수 있기를 바랄게요.

아이의 자기주도학습을 돕는 관심의 질문

1. “엄마가 언제 숙제검사를 하면 될까?”
2. “TV를 언제까지 볼 예정인지 알려줘.”
3. “어떤 것을 먼저 해야 할까?”
4. “우리 딸(아들)은 언제 가장 집중이 잘 되니?”
5. “이 문제를 틀린 이유는 무엇일까?”
6. “우리 딸(아들)은 어떻게 할 때 공부가 잘 되니?”
7. “이번 2학년을 보내는 너의 목표는 무엇이야?” “이번 한 달 동안 네 목표는 무엇이야?” “이번 주 네 목표는 무엇이야?”
8. “엄마가 어떤 것을 도와주면 좋을까? 넌 어떤 것을 할 거야?”
9. “공부는 왜 필요할까?” “공부를 열심히 하면 어떤 점이 좋을까?” “공부를 못하면 어떤 점이 불편할까?”
10. “오늘 하루를 되돌아보니 아쉬웠던 점은 무엇이니?”
11. “이번 시험에서 네가 가장 잘한 것은 무엇이라고 생각하니?”
12. “이번 시험을 준비하면서 아쉬웠던 점은 무엇이니?”
13. “오늘 계획한 공부를 다 하지 못했어. 언제 보충을 하면 좋을까?”
14. “네 생각에 공부의 양이 적당하다고 생각하니? 왜 그렇게 생각하니?”

말솜씨가 없어도 괜찮아요

간혹 부모들 중에 표현력이 부족하고 서툰 말솜씨 때문에 스스로를 탓하는 경우가 있습니다. 이런 분들에게 꼭 소개해드리고 싶은 가족이 있어요. 바로 SBS 〈영재 발굴단〉에 출연했던 신희웅 학생과 그의 부모님입니다. 희웅이 부모님은 부드러운 말투, 다정하고 예쁜 말, 훌륭한 말솜씨는 없지만 희웅이를 인성이 바르고 가슴 따뜻한 화학영재로 키우셨어요. 두 분은 모두 청각장애를 갖고 계셔서 희웅이의 목소리를 들을 수 없을 뿐만 아니라 희웅이에게 어떤 말도 표현해줄 수가 없었어요. 그러나 비록 들리지 않더라도 희웅이가 말할 때면 부모님은 눈도 깜박이지 않고 희웅이의 눈을 열심히 바라보며 집중했습니다. 입가에는 온화한 미소를 띤 채로요. 부모님의 표정과 눈빛을 통해 희웅이는 자신을 향한 깊은 사랑과 무한한 지지, 신뢰와 응원, 긍정의 관심, 따뜻한 배려를 충분히 느낄 수 있었어요.

멋진 말솜씨가 없어도 괜찮은 이유

우리는 보통 말을 최고의 의사소통 수단이라고 생각합니다. 하지만 언어보다 더 강력한 메시지가 바로 비언어 의사소통, 즉 몸짓 언어예요. 언어와 비언어가 일치하지 않는 혼란스런 상황일 때 인간은 오히려 비언어적 메시지를 더 잘 받아들이는 경향이 있습니다. 예를 들어볼게요. 부모가 잠시 외출한 사이 아이가 친구들과 집을 엉망으로 만들어놓았다고 가정해봅시다. 부엌과 거실을 온통 쓰레기장으로 만들어놓은 모습을 보고 부모가 "참 잘도 해놨다."라고 말한다면 어떨까요? 이 말을 정말 긍정표현으로 해석하는 사람은 없을 거예요. 이처럼 시각적 정보와 청각적 정보가 일치하지 않을 때 인간은 시각적 정보를 더 신뢰하도록 프로그래밍 되어 있습니다. 그러니 내성적인 성향에 표현력이 부족한 부모도 너무 실망할 필요는 없습니다. 아이를 진심으로 사랑하는 마음, 아이를 따뜻하게 바라볼 수 있는 눈, 아이를 향해 웃을 수 있는 입, 아이를 포근하게 안아줄 수 있는 두 팔이 있으면 충분하니까요.

말보다 더 큰 감동을 주는 다섯 가지 관심 노하우

하루 10분 몸짓 언어만으로 관심을 표현해 아이와 애착 및 친근감을 형성할 수 있는 방법 다섯 가지를 알려드릴게요. 오늘부터 당장 하루에 한 가지씩이라도 실천한다면 훌륭한 말보다 훨씬 더 따뜻한 감동을 줄 수 있을 거예요.

1. 바라보며 미소 짓기

먼저 '바라보며 미소 짓기'입니다. 누군가를 지긋이 바라본다는 것은 분명 상대에게 마음이 쏠려 있다는 증거예요. 만약 학교를 다녀온 아이가 부모에게 무언가 말하고 싶어 한다면 잠시 하던 일을 멈추고 아이의 눈을 바라봐주세요. 희웅이 부모님이 하셨던 것처럼요. 10분도 걸리지 않습니다. 아이가 어떤 것에 몰입해 있다면 미소 띤 표정으로 몰입하고 있는 것을 같이 바라보는 것도 좋아요. 아이의 과거 사진을 함께 보며 그때의 추억과 감정을 공유하는 것도 좋습니다. 자신을 있는 그대로 바라보고, 같은 곳을 바라보고, 같은 추억을 바라보는 것만으로도 충분히 '내 편'이라는 안도감과 믿음을 줄 수 있습니다.

2. 응원의 메시지 보내기

두 번째는 '응원의 메시지 보내기'입니다. 가장 큰 장점은 의외성에 있어요. 예상하지 못했고 기대하지 않았기 때문에 더 큰 감동을 줄 수 있거든요. 글자를 아는 연령이라면 바로 메시지를 써줄 수 있지만 글자를 모른다면 주변 어른의 도움이 필요하다는 단점이 있습니다. 만약 아이가 어린이집에 가기 힘들어한다면 엄마의 응원 동영상을 담임선생님의 휴대폰으로 보내보세요. 조금 번거로울 수 있지만 엄마가 곁에 없어도 응원하고 있다는 마음이 전달되면 아이가 빨리 기관에 적응하는 데 효과적일 수 있어요. 글자를 아는 초등학생 이상의 자녀라면 아이의 책상 위에 예쁜 포스트잇을 하나 붙여보세요. 응원과 사랑, 감사와 행복을 담은 정성스런 메모는 오랜 시간 아이의 마음에 진한 감동을 줄 겁니다. 아이가 먹을 도시락통에, 필통에, 아이의 바지 주머니에, 아이가 사용하는 연습장에 써놓은 부모의 사랑 고백은 아이에게 큰 힘이 될 거예요.

3. 안아주기

세 번째는 '안아주기'입니다. 애착대상의 안아주기는 많을수록 좋아요. 특히 위로가 필요할 때, 실패와 좌절을 경험했을 때, 무언가 마음대로 되지 않을 때, 놀라거나 낯선 상황일 때 더욱 빛을 발하지요. 왜냐하면 호흡을 안정시킬 뿐만 아니라 '부족한 너라도 괜찮아. 늘 엄마는 네 편이야.'라는 느낌을 주거든요. 또 진심 어린 수용과 응원은 아이의 회복탄력성을 형성하는 데 더없이 좋고요. 만약 내 아이가 마음근육이 단단한 아이로 자라길 바란다면 꼭 '매일 안아주기'를 실천해보세요. 험난하고 마음대로 되지 않는 세상이지만 마음근육만 단단하게 자란다면 아이는 언제 그랬냐는 듯 훌훌 털고 자신의 길을 가게 될 거예요.

4. 따라 하기

네 번째는 '따라 하기'입니다. '미러링 효과'를 아시나요? 상대방의 행동을 은연중에 따라 하는 행위를 말해요. 많은 부모들이 아이와의 놀이를 어려워하는데, 100% 성공할 수 있는 놀이비법 중 하나가 바로 따라 하기입니다. 조금 어려운 말로 '행동반영'이라고 하는데요. 아이가 블록놀이를 하면 부모도 블록을 만지고, 아이가 장난감 자동차를 만지면 부모도 자동차를 잡고 선택한 자동차의 역할을 하는 것이지요. 아이의 놀이를 옆에서 따라 하는 것만으로도 아이에게는 놀이대상자가 생기는 것이고 '엄마 아빠가 나랑 놀기를 좋아해.' 하는 느낌을 줄 수 있거든요. 놀이 외에 일상 속 따라 하기도 같은 효과를 줄 수 있어요. 아이가 웃으면 부모도 같이 웃고, 아이가 속상해하면 부모도 같이 속상해하는 것만으로도 공감대를 형성합니다. 아이가 TV를 볼 때 "그것만 보고 꺼!"라고 명령하는 것보다 우선 "뭐가 그렇게 재미있어? 같이 보자."라고 말하는 것이 아이가 부모의 말을 귀담아듣게 하는 현명한 방법이 될 수 있습니다.

5. 행동으로 보여주기

마지막 다섯 번째는 '행동으로 보여주기'입니다. 영화 〈집으로〉를 보셨나요? 철없이 못되게 구는 손자와 이런 손자를 따뜻하게 보듬어주는 할머니의 관계를 담은 감동적인 영화인데요. 영화에서 할머니의 대사는 한마디도 없어요. 하지만 미운 말하기, 떼쓰기, 할머니 물건을 함부로 깨뜨리고 훔치는 손자의 나쁜 행동이 어느 순간 변화되기 시작하지요. 할머니의 무한한 사랑과 뒤에서 묵묵히 보여주신 행동으로요.

우리는 알지만 매일 잊어버려요. 아이의 올바른 습관 형성을 돕는 가장 좋은 방법은 말이 아닌 부모의 모델링이란 것을요. 그래서 알지만 다시 한번 강조해요. 공부하라는 10번의 잔소리보다 부모가 함께 책을 읽는 것이 더 중요합니다. 어른께 인사하라는 20번의 잔소리보다 학원 선생님께, 동네 어른께 부모가 먼저 인사하는 모습을 직접 보여주는 것이 더 효과적이지요. 존댓말을 쓰라는 30번의 잔소리보다 엄마와 아빠가 서로 존중하는 언어를 사용하는 모습을 매일 보고 자라는 것이 훨씬 중요해요. 몰라서 못 하는 것이 아닙니다. 아는데 하지 않는 이유는 마음이 움직이지 않아서입니다. 아이의 마음이 움직이려면 감동이 있어야 합니다.

하루 10분 퀄리티타임 TIP

'아이에게 보내는 메시지' 이런 내용 어떠세요?

· 평소 아이에게 해주면 좋은 메모

사랑하는 딸! 시간만큼 소중한 것은 없단다. 너의 시간을 오늘 네가 행복한 일에 1/3, 미래의 네가 행복하기 위한 일에 1/3, 네가 사랑하는 사람을 위해 1/3을 사용해보렴. 그렇다면 너는 오늘도 내일도 미래도 행복할 거야. 선택은 네 몫이고 선택엔 책임이 따른단다. 엄마는 언제나 너의 선택을 존중할 거야. 사랑한다, 딸!

· 하루 종일 놀기만 하는 아이에게

아들! 너의 오늘 하루는 어땠니? 네가 행복했다면 다행이야. 하지만 내일은 미래의 행복을 위해서도 시간을 쓰길 바란다. 오늘도 건강하게 지내줘서 고맙다. 사랑한다.

· 야단을 맞아 속상해하는 아이에게

소중한 딸! 엄마에게 야단을 맞아서 많이 속상하지? 네가 속상한 만큼 사실 엄마도 마음이 아프단다. 만약 엄마가 널 사랑하지 않을까 걱정이라면 그런 염려 따윈 할 필요 없어. 네가 좋은 행동을 하든, 미운 행동을 하든 엄마가 널 사랑하는 마음은 늘 똑같으니까. 그 마음은 늘 변함이 없단다. 항상 사랑한다.

· 최선을 다했지만 시험을 망쳐 속상해하는 아이에게

엄만 이번 시험을 위해 네가 얼마나 최선을 다했는지 잘 알고 있어. 최선을 다한 만큼 기대도 컸을 텐데 원하는 만큼 성적이 나오지 않아 속상해하는 널 보니 너무 마음이 아프구나. 과정과 함께 결과까지 받아들이고 책임을 지는 사람이 정말 멋진 사람이란다. 엄만 우리 아들이 스스로를 책임지는 멋진 사람이라 생각해. 조금만 속상해하고 빨리 털어내길 기다릴게. 수고했다. 아들!

관심도 단계별로

최봉규 과학칼럼니스트는 한 신문에서 하버드대학교 신경과학 연구팀의 실험을 소개했습니다. 참가자를 A와 B 두 집단으로 나누어 진행한 실험이었는데요. A는 자신이 무엇을 좋아하고 어떤 성격을 갖고 있는지 이야기하게 했고, B는 다른 사람의 사진이나 유명인의 사진을 보며 그 사람에 대해 평가하게 했습니다. 실험자는 참가자들이 말을 하는 동안 그들의 뇌를 스캔했는데요. 그 결과 A에 속한 경우 즐거움이나 쾌락을 느끼는 뇌의 보상 부위가 활성화됨을 알게 되었습니다. 즉 사람은 자신과 관련된 말을 할 때 행복을 느끼고 쾌락을 느낀다는 것이지요.

이 실험은 '인간관계의 기술'에 활용될 수 있어요. 짧은 시간 내에 빨리 친해질 수 있는 방법은 바로 상대의 관심사를 활용해 대화를 시도하는 거예요. 소개팅에 나온 상대가 야구를 좋아한다면 야구를 소재로 대화하고 질문하는 것이 유리할 겁니다. 결혼 전 상대 부모님께 인사를 가야 한다면 상대 부모님이 좋아하는 음식, 취미, 향수 등을 파악하는 것이 급선무일 것이고요. 이렇게 상대의 관심사에 맞춰 대화를 시도하면 상대는 자신이 아는 지식과 경험을 쏟아낼 것이고 평소보다 말을 많이 할 가능성이 높지요. 상대가 말을 많이 할 수 있도록 기회를 주고 경청하는 것이 바로 성공적인 대화법의 기술입니다.

반대로 사회성이 부족한 사람들의 특징도 있습니다. 이들은 주로 상대의 관심과 상관없이 대화를 시도해요. 자신이 바라는 것을 상대에게 강요하고요. 보통 이런 모습은 유아기에서 초등학교 저학년 아이들에게 많이 나타나지요. 예를 들어 어린 유아의 경우 친구가 미술놀이를 하고 있어도 자신이 경찰놀이를 하고 싶으면 "야! 그거 말고 다른 거 해."라고 말해요. 만약 친구가 거절하면 "왜 나랑 안 놀아? 너 나 싫어?"라고 다그치지요. 초등학교 저학년의 경우 자신이 좋아하는 친구에게 다짜고짜 "너 다른 친구랑 놀지마. 다른 애랑 손잡으면 절교야."라고 말해요. 자신이 바라는 것을 상대에게 강요하지요. 안타깝게도 결과는 실패할 가능성이 높습니다.

아이와의 첫 대화는 아이의 관심사로 시작하기

'부모-자녀' 관계도 마찬가지예요. 빠른 시간에 아이의 마음과 귀를 열어 관심, 사랑, 친밀감, 협력, 신뢰를 형성하기 위해서는 아이의 관심사를 활용해 대화를 시도하는 것이 바람직합니다. 아이의 관심사는 주로 자기 자신이나 자신을 둘러싼 주변 사람들과의 경험인 경우가 많지요. 예를 들어 자신이 좋아하는 놀이, 좋아하는 색깔과 음식, 좋아하는 옷과 신발, 자신이 잘하는 것과 해보고 싶은 것, 갖고 싶은 장난감, 좋아하는 친구, 재미있었던 일 등이에요. 왜냐하면 아이의 하루하루는 자아를 형성하는 과정이면서 주변 사람들과의 관계를 계속 연습하는 과정이기 때문입니다.

"오늘 어떤 놀이가 특별히 재미있었니?"
"오늘은 누구랑 가장 많이 놀았어? 어떤 점이 좋았니? 속상한 점은 없었니?"
"오늘 배운 노래 중 생각나는 노래 하나만 들려줄래?"
"오늘 급식에서 시금치된장국 먹을 때 힘들지 않았어?"
"그 만화에서 공격력이 높은 캐릭터 이름이 뭐였더라?"
"오늘 읽은 동화책 중 기억에 남는 장면이 있니?"
"내일 유치원에 입고 가고 싶은 옷을 한 벌 골라볼래?"

"지금 네가 가장 보고 싶은 사람은 누구니?"
"내일 유치원(학교)에 가서 가장 하고 싶은 놀이는 어떤 거야?"

이런 질문으로 관심을 표현할 경우, 대화의 분위기가 긍정적으로 흘러갈 가능성이 높습니다. 반대로 부모는 아이에 대한 관심을 표현한 것이지만 아이는 빨리 그 자리를 피하고 싶게 만드는 질문도 있어요. 주로 자녀의 올바른 생활습관이나 학습을 확인하는 말들이지요. 아이와 관련된 내용인 것 같지만 사실 아이의 관심거리는 아닙니다. 부모가 아이를 보자마자 다음과 같은 질문을 쏟아낸다면 아이의 기분이 어떨지 상상해보세요.

"오늘 유치원(학교)에서 친구랑 싸웠어, 안 싸웠어?"
"오늘 급식 다 먹었어, 안 먹었어?"
"엄마 없는 동안 게임 몇 시간 했어?"
"숙제한 거 가지고 와."
"화장실 물 내렸어? 불은 껐니?"
"내일 학교 준비물은 다 챙겼어?"
"받아쓰기 보는 날은 무슨 요일이지?"
"학원 숙제는 뭐야?"
"중간고사는 언제인데?"

이런 질문 뒤에 어떤 말이 따라올지 아이들은 직감으로 알 수 있습니다. 수차례 경험했기 때문에 몸에서 반응하거든요. 점점 부모와 함께 있는 자리가 불편해지지요. 비난과 충고, 염려와 조언으로는 아이의 마음을 열 수 없어요. 부모가 궁금한 질문은 아이의 마음과 귀를 연 후 시도해도 늦지 않다는 것을 꼭 기억하세요.

부모의 관심과 요구를 아이가 듣고 싶은 말로 바꾸자

부모가 늘 아이의 관심거리만 가지고 대화를 할 수는 없습니다. 아이의 관심은 대부분 한쪽에 치우쳐 있거든요. 놀이를 하다 보면 화장실 가는 것도 잊어버려요. 자신이 좋아하는 TV를 틀어주면 몇 시간이고 TV만 쳐다보고 있을 게 뻔하지요. 레고를 좋아하는 아이에게 레고 이야기를 꺼내면 한동안 레고 세상에서 빠져나오지 않을 겁니다. 그러니 만약 부모가 늘 아이가 좋아하는 관심거리로만 대화를 한다면 일상생활은 거의 불가능할 거예요.

아이를 양육할 때 부모가 전체를 보고 균형을 맞추는 것이 중요합니다. 집에서만 사랑받는 아이가 아니라 세상 밖에서도 사랑받는 아이로 자라도록 도와야 하거든요. 무조건 책을 많이 읽도록 하는 것보다 평생 어떻게 하면 책을 좋아하도록 도울 것인지를 고민하는 것이 더 현명하지요. 언어, 인지발달도 중요하지만 사회, 정서 발달도 중요하고요. 아이가 공부를 잘하는 것도 중요하지만 또래와 잘 어울려 노는지, 또래 관계에서 어떤 부분을 힘들어하는지도 살펴야 해요. 그래서 부모의 관심은 어느 한 분야에만 국한되서는 안 됩니다. 전체적으로 균형적으로 관심을 가져야 해요.

문제는 여기서 생깁니다. 아이는 관심이 없는데 부모는 부모로서 관심을 가져야 할 영역이 있거든요. 이때는 주의가 필요해요. **만약 정말 필요한 관심이라 대화를 시도하는데 아이가 간섭과 잔소리로 받아들인다면 대화의 방식을 바꿔야 합니다.** 확인하고 평가하듯 말하면 안 됩니다. 아이의 감정이 어떤지 궁금하다는 느낌으로 질문하는 것이 바람직해요. 다그치고 따지듯 물으면 안 되고 아이의 의견을 묻듯 질문해야 해요. 불시에 검사하듯 재촉하면 안 되고 아이에게 예측할 수 있도록 기회를 주는 것이 좋아요. 같은 의도라도 어떻게 말하느냐에 따라 결과는 많이 달라진답니다.

하루 10분 퀄리티타임 TIP

간섭과 관심의 차이

간섭	관심
"오늘 유치원(학교)에서 친구랑 싸웠어, 안 싸웠어?"	"오늘 유치원에서 속상한 일은 없었니?"
"오늘 급식 다 먹었어, 안 먹었어?"	"오늘 급식에서 먹기 힘들었던 건 없었니?"
"엄마 없는 동안 게임 몇 시간 했어?"	"네가 생각했을 때, 하루에 얼만큼 게임을 해야 적당하다고 생각하니? 오늘 너는 적당히 게임을 한 것 같니?"
"숙제한 거 가지고 와 봐. 학원 숙제는 뭐야?"	"엄마가 언제 숙제를 확인하면 될까?"
"화장실 물 내렸어? 불은 껐니?"	"화장실 물을 안 내렸구나. 내리고 오렴. 불도 켜져 있구나. 불을 끄렴."
"내일 학교 준비물은 다 챙겼어?"	"내일 학교 준비물 중에 엄마가 도움을 줘야 할 것이 있는지 확인해보렴."
"받아쓰기 보는 날이 무슨 요일이야?"	"받아쓰기를 무슨 요일에 보는지 알려줄래?"
"중간고사는 언제인데?"	"학교 중간고사 일정이 나왔는지 궁금하구나. 엄마에게도 알려주겠니?"

정서에 집중해요

〈요즘 육아 금쪽같은 내 새끼〉 〈공부가 머니?〉 등은 아이를 키우는 부모라면 한 번쯤 관심 있게 보셨을 겁니다. 저도 즐겨보는 프로그램 중 하나에요. 〈요즘 육아 금쪽같은 내 새끼〉는 주로 아이의 일상생활을 바탕으로 부모의 올바른 양육을 가이드해주지요. 〈공부가 머니?〉는 학습에 초점을 두고요. 다른 콘셉트 같지만 두 프로그램에는 공통점이 있어요. 둘 다 일반 부모들이 출연해서 실제 생활하는 모습을 보여주고 전문가의 의견을 듣는 방식이란 겁니다. 구성적인 면 외에도 또 다른 공통점이 있는데요. 바로 전문가들의 의견이에요. 전문가들은 늘 아이들의 '정서'에 집중해서 조언을 합니다.

왜 전문가들의 시선은 '정서'에 집중되어 있을까?

아이의 성장을 돕는 다양한 분야의 전문가들이 '정서'에 집중하는 이유는 행동과 말의 주인이 '정서'이기 때문이에요. 같은 사람이라도 그 당시 어떤 정서 상태인지에 따라 행동이 다르게 나타납니다. 예를 들어 부모도 인간이기 때문에 부부싸움을 한 후의 모습과 반응, 부부 사이가 좋을 때의 모습과 반응은 다를 수밖에 없습니다. 인간이 이성적인 동물인 것 같지만 사실은 굉장히 감성적이고 정서적인 동물임은 틀림없는 사실이에요. 인간이 이성적인 동물이라면 사물이나 상황을 보고 항상 가장 합리적이고 이성적인 판단을 내릴 테지만 그러지 못하는 경우가 대부분이거든요. 또 인간이 같은 상황에서 모두 다르게 생각하고 행동하는 이유는 각자의 정서적 반응이 다르고 정서 수준이 다르기 때문입니다. 따라서 아이의 행동이나 말을 이해할 때 혹은 아이와 대화할 때 아이의 정서 상태를 고려하지 않으면 좋은 결과를 얻지 못할 수 있어요.

2학년 소율이는 아침부터 신이 났습니다. 친구 혜정이네 집에 초대를 받았거든요. 민서, 아윤이까지 4명이 다 같이 모인 적은 너무 오랜만이라 더욱 기대가 크지요. 오전에 온라인 수업을 마치고 오후 1시에 만나기로 해서 엄마는 소율이를 1시까지 혜정이네 집에 데려다주었어요. 4시에 영어학원에 가야 하니 3시 30분에 혜정이네 집 앞 놀이터에서 만나기로 했지요. 그런데 3시 40분이 되어도 소율이가 나오지 않는 거예요. 소율이 엄마는 혜정이 엄마에게 전화를 걸어 소율이를 바꿔달라고 했습니다. 엄마는 애가 타고 화가 나 있는데 전화기에서는 아이들의 웃음소리가 끊이질 않았어요.

엄마: 너 왜 약속 안 지켜! 엄마 계속 밖에서 기다렸잖아.

소율: 몰랐어. 나 조금만 더 놀면 안 돼?

엄마: 학원 안 가? 너 지난주도 할머니네 간다고 빠졌잖아. 안 돼. 빨리 나와.

소율: 조금만, 응? 친구들도 다 학원 안 갔단 말이야. 조금만 더 놀게.

엄마: 걔네들은 학원이 없나 보지. 넌 학원 수업 있다고 하고 얼른 나와.

소율: 알았어.

하지만 10분이 지나도 소율이는 나오지 않았어요. 엄마는 학원도 늦을 것 같고, 2번이나 약속을 안 지킨 소율이에게 너무 화가 났지요. 결국 소율이 엄마는 혜정이네 집으로 찾아갔어요. 소율이는 친구들과 계속 놀고 있었습니다.

엄마: (현관 앞에서) 김소율! 너 나온다고 해놓고 아직도 놀고 있으면 어떡해!

소율: (당황스러움과 아쉬움 가득한 얼굴로 옷을 챙기며) 엄마 때문에 다 망했어.

아이를 키우면 이런 상황이 비일비재합니다. 아이의 놀고 싶은 마음은 알겠지만 그렇다고 부모의 입장에선 아이가 학교나 학원을 빠지게 할 수는 없거든요. 몇 번 빠져도 된다고 허락했다가 학원 수업을 습관적으로 빠지면 어떡하나 염려가 생기기도 합니다. 2번 이상 결석할 경우 진도를 못 따라갈 수도 있고요. 어떤 부모라도 결코 쉽게 허락해줄 수 있는 문제가 아니지요. 그렇다고 소율이 엄마의 대처가 옳다고 할 수는 없습니다. 엄마의 지시로 소율이를 학원에 출석하도록 이끌 수는 있어도 엄마가 소율이의 마음과 머리까지 통제할 수 없을 테니까요. 이대로라면 소율이는 결코 수업에 집중하지 않을 겁니다.

엄마 때문에 망했다고 말한 소율이의 마음에는 엄마에 대한 원망이 큽니다. 다 놀지 못한 아쉬움뿐만 아니라 친구들 앞에서 당한 창피, 친구들이 자신만 빼고 친해지면 어쩌나 하는 불안, 자신의 마음을 몰라준 엄마에 대한 원망으로 수업에 집중할 수 없을 거예요. 학원 수업을 마친 이후에도 소율이와 엄마의 갈등은 계속될 가능성이 높고요. 아이의 놀고자 하는 욕구, 또래 관계와 '부모-자녀' 관계, 수업의 효율성, 아이의 자존감과 자기조절능력 등 모든 면에서 이로울 것이 없는 방법입니다.

앞서 전문가들의 공통된 견해대로 아이의 정서에 초점을 맞춰 해결해보면 좀 더 좋은 결과가 나올지 모릅니다. 갈등이 시작된 시점의 소율이 마음을 살펴볼게요. 첫 번째 전화통화에서 소율이는 친구들과 더 놀고 싶은 마음을 표현했어요. 이미 마음이 놀이에 뺏겨 있는 것이지요. 부모가 한 번 정도 중재를 하는 것은 나쁘지 않아요. 엄마가 지난주에 할머니네 간다고 학원에 빠졌으니 나오라고 중재의 말을 했지만 소율이의 마음에는 변화가 없었습니다. "조금만 응?"이라며 부탁도 해보고 "친구들도 다 안 갔단 말이야."라며 이유까지 대었지요. 바뀔 마음이 없다는 자신의 의지를 다시 한번 강조한 거예요. 중재를 했음에도 아이 마음에 변화가 없다면 이제 부모는 협의점을 찾을 필요가 있습니다. 어차피 더 갈등을 지속해봐야 좋은 결과가 나오지 않을 것이라면 대안을 찾아야 하거든요. 같은 상황을 정서 중심으로 해결할 때 생길 수 있는 시나리오를 예상해볼게요.

엄마: 소율아, 시간을 봐봐. 엄마는 네가 나올 줄 알고 밖에서 기다렸어(아이가 스스로 상황을 파악하게 하고 엄마가 받은 피해를 비난 없이 말한다).

소율: 몰랐어. 나 조금만 더 놀면 안 돼?

엄마: 아직 놀이가 끝나지 않은 거야? 네가 더 놀고 싶은 마음은 알겠어. 그런데 지난주도 할머니네 간다고 빠졌잖아. 엄마 생

각엔 가야 할 거 같은데?

소율: 조금만, 응? 친구들도 다 안 갔단 말이야.

엄마: (잠시 침묵한 후) 이미 네 마음은 친구들과의 놀이를 더 하고 싶은 거야. 그치? 어차피 학원에 가도 집중할 수 없다면 엄마는 강요할 수 없어. 선택은 네가 하는 거야. 하지만 지난주에 이어 또 결석하면 진도를 따라가기 힘들기 때문에 별도의 보충학습을 해야 할 거야.

소율: 응, 알겠어.

엄마: 그럼 학원 선생님께 전화해서 보강이 가능한지 여쭤보고 만약 보강이 안 되면 어떤 것을 숙제로 더 해가야 하는지 여쭤봐. 선생님과 통화한 내용을 엄마한테 알려줘.

학원 수업이 더 중요한지, 친구들과의 놀이가 더 중요한지는 아무도 장담할 수 없습니다. 부모 입장에서는 수업은 정해진 시간이 있고 지나가버리면 없어지는 것이니 더 중요하다 말할 수 있지요. 무료도 아니고 학원비를 내고 있으니 더욱 이유가 분명해요. 하지만 아이 입장에서는 다를 수 있습니다. 친구 4명이 다 같이 모여 놀 수 있는 날은 거의 없다고 말할 거예요. 그날의 놀이는 다시 돌아오지 않는다고 주장할 수 있고요. 무조건 부모의 말은 맞고 아이의 말을 틀리다 할 수 없잖아요. 서로 다른 입장 차이로 갈등 상황이 생겼다면 가장 효율적인 대안을 찾는 것이 바람직합니다. 효율적인 대안은 두 사람의 입장, 서로 다른 마음을 모두 고려한 방법이어야 하지요. 한 사람의 감정과 마음이 무시된다면 불만이 생길 수 있으니까 말이에요.

하루 10분 퀄리티타임 TIP

평소에 하면 좋은 정서 중심의 관심 표현

1. "친구랑 놀 때 매우 신나 보이더라. 그 친구의 어떤 면이 좋아?"
2. "오늘 기분이 좋아 보인다. 재미있는 일이 있니?"
3. (우울한 표정일 때) "표정이 속상해 보여. 무슨 일이 있나 보구나."
4. (말을 하지 않는다면) "걱정을 나누는 건 친하다는 의미이고 상대를 신뢰한다는 뜻이야. 엄만 너와 친하고 싶는데 말해줄 수 있겠어?"
5. "네가 속상한 것을 보니 엄마도 속상하다."
6. "네가 행복하면 엄마도 행복해."
7. (상황을 회피하거나 계속 짜증을 낼 때) "우리 딸 마음이 어때? 엄만 지금 우리 딸 마음이 보이지 않아 속상해. 말해줄 수 있겠니? 기다릴게."
8. "공부가 하기 싫은 건 당연해. 엄마도 그랬으니까."
9. "어른들의 말이나 행동이 이해되지 않을 때가 있지? 어떤 점이 그러니?"
10. (빈둥거릴 때) "심심한가 보구나? 엄마랑 하고 싶은 놀이가 있으면 말해주렴."

핵심은
'구체적'인 관심

아이와 처음 어린이집에 간 날을 기억하시나요? 처음 어린이집을 가면 많은 선생님들이 낯설어하는 아이에게 다가가 반갑게 인사하고 편안해질 수 있도록 도움을 주지요. "귀엽다." "진짜 예쁘다." "너무 사랑스럽다." "어른스럽다." 등 칭찬도 많이 해주고요. 다정한 미소와 호감의 언어는 아이가 어린이집에 대해 긍정적인 이미지를 갖게 하는 데 도움이 됩니다. 하지만 아이가 유독 기억하는 선생님은 따로 있습니다. 바로 자신에게 구체적인 관심을 보인 선생님이에요.

구체적인 관심을 보여야 진심으로 느껴진다

아이가 유독 좋아하고 따르는 선생님은 아이에게 먼저 재미있는 것을 제시하지 않아요. 뒤에서 아이가 무엇이든 할 수 있도록 허용을 해주지요. 아이를 세밀하게 관찰한 후 "블록을 좋아하는구나. 블록으로 트리케라톱스의 등뼈를 세밀하게 표현해주었네."라고 말해요. 자신의 마음을 꿰뚫고 의도를 파악한 선생님에게 아이는 마음이 빼앗길 수밖에 없지요. 어린 유아에게도 자신에 대한 진심 어린 관심으로 느껴지기에 충분합니다.

이 밖에도 구체적인 관심이 필요한 이유는 또 있습니다. 아이들은 두 가지를 동시에 생각하거나 과거와 현재를 한꺼번에 생각하는 다각적인 사고가 어려워요. 단지 현재에 집중되어 있을 뿐이지요. 예를 들어 퇴근을 하고 돌아온 부모가 "오늘 유치원에서 재미있었어? 유치원에서 어땠어?"라고 물어도 아이는 그것을 부모의 관심으로 받아들이지 않습니다. 현재 하고 있는 공룡놀이에 몰입해 있기 때문에 굳이 과거를 회상해서 말하고 싶지 않거든요. 이럴 땐 "아들! 어제 유치원에서 친구들과 팽이놀이를 못했다고 아쉬워했잖아. 오늘은 팽이놀이 했어? 누구랑 했어? 즐거웠어?"라고 묻는 것이 좋아요. 구체적으로 질문할 경우 어느 시점 하나만 기억하면 되기 때문에 빨리 그 상황을 생각해낼 수 있거든요. 또 어제 자신의 감정을 기억하고 이후 어떻게 되었는지를 묻는 부모에게 애정과 관심을 느끼게 됩니다.

구체적인 관심을 표현할 때 하지 말아야 할 방해요인

구체적인 관심을 어떻게 표현해야 하느냐는 상황마다 다릅니다. 정확히 이렇게 해야 한다는 정답은 없어요. 하지만 구체적인 관심을 표현할 때 하지 말아야 할 방해요인은 명확하지요. 예를 들어볼게요. 부모가 선생님으로부터 학교에서 아이가 친구를 때렸다는 이야기를 전해들었다고 가정해볼게요. 부모는 어떤 상황인지, 왜 그랬는지 자세히 알고 싶을 겁니다. 이때 만약 부모가 이렇게 질문한다면 어떨까요?

엄마: 도대체 왜 그래? 뭐가 문제야? 무슨 일인지 자세히 말해봐. 난 널 진짜 이해할 수가 없어. 이게 벌써 몇 번째야?

부모가 실망과 짜증을 드러내고 부정적인 감정과 비난의 말로 대화를 시작하면 이런 관심은 실패로 돌아갈 가능성이 높습니다. 부모의 비난과 화 앞에 자신의 마음을 솔직하게 표현하고 싶은 아이는 없을 테니까요.

또 만약 아이가 "엄마, 난 수학에 재능이 없나봐."라며 고민을 이야기했다고 가정해볼게요. 진지한 자신의 고민에 부모가 아래와 같은 다섯 가지의 반응을 보인다면 느낌이 어떨지 상상해보세요.

1. 어설픈 응원: "아니야, 너 잘해. 너도 할 수 있어."
2. 이런 고민조차 쓸데없다는 반응: "해봤어? 해보지도 않고 뭘."
3. 협박의 반응: "큰일 났다. 좋은 대학 가기는 글렀네."
4. 조언: "수학은 원래 어려워. 그래서 엄마가 선행학습을 하라는 거야."
5. 지레짐작과 섣부른 판단: "너 하기 싫어서 그러지? 뻔해."

어설픈 응원, 고민 자체를 부정하는 말, 협박과 조언, 지레짐작과 섣부른 판단은 상대의 마음과 입을 열게 하는 데 금물이에요. 더 이상 말하고 싶지 않고 오히려 '괜히 말을 꺼냈어.'라는 생각이 들게 하지요. 결국 부모가 보인 구체적인 관심의 성공 여부는 '아이 스스로 자신의 마음을 속 시원히 표현하고 싶은지'에 달려 있습니다.

중요해서 다시 한번 강조할게요. 양육은 잘 키우는 것보다 하지 말아야 할 것을 안 하는 것이 더 중요해요. 하지 말아야 할 것에 주의하다 보면 어느새 부모의 관심이 사랑으로 느껴지게 되고, 아이가 부모와 함께하는 시간을 행복하게 느낄 겁니다.

아이가 고민을 이야기할 때 이렇게 말해보세요.

1. 고민 자체에 집중하기: "수학 문제를 풀 때, 잘 풀리지 않는 것이 있나 보구나."
2. 아이의 감정과 의도를 중심으로 대화하기: "풀고 싶은데 잘 풀리지 않으면 답답하지. 어떤 문제를 풀 때 특히 어려움을 느끼니? 문제를 읽어도 무슨 말인지 이해되지 않는 걸까, 풀다가 막히는 곳이 있는 걸까?"
3. 객관적인 상황을 파악하기: "엄마가 네가 수학 문제 푸는 모습을 살펴봐도 되겠니?"
4. 문제의 원인에 따른 대안 찾기: 수학이 재미있지 않아 집중하지 못한다면 문제집의 수준을 낮추거나 놀이 형식으로 먼저 수학을 배우도록 합니다. 문제를 잘 이해하지 못한다면 소리 내어 읽도록 하거나, 문제의 주요 부분에 밑줄을 긋게 해 읽기 오류를 줄일 수 있도록 돕습니다. 암산을 하다 실수하면 수학노트를 만들어 노트에 쓰면서 푸는 연습을 해보도록 합니다. 계산에 오류가 있다면 반복된 연습을 유도합니다.

구체적인 관심 표현의 세 가지 요인

아이에게 구체적인 관심을 표현하기 위해 필요한 세 가지 요인을 소개해드릴게요. 첫째, 궁금한 자세, 둘째, 세심한 관찰, 셋째, 아이의 표정이나 행동의 변화에 민감한 태도입니다. 하나하나 자세히 살펴봐요.

1. 궁금한 자세

먼저 궁금한 자세입니다. 흔히 부모들이 오해하고 있는 것이 있습니다. 스스로 내 아이에 대해 잘 안다고 생각하는 겁니다. 아이를 낳아 입히고 재우고 양육하는 과정에서 기는 모습, 걷는 모습, 차근차근 말이 느는 모습까지 수많은 순간을 함께했기 때문에 아이에 대해 많이 안다고 자부하지요. 잘 안다는 오해는 아이에 대한 궁금증을 만들지 않아요. 궁금한 것이 없으니 아이의 말을 진심으로 들으려는 경청의 자세가 잘 생기지 않고요.

아이들은 한순간도 똑같은 적이 없습니다. 계속 변화하고 성장하고 있어요. 어제가 다르고 오늘이 다르지요. 따라서 과거의 아이를 기준으로 오늘의 아이를 예측해서는 절대 안 됩니다. 또 부모가 많은 시간을 함께한 건 맞지만 모든 시간을 함께하진 않았잖아요. 무엇보다 부모가 보는 앞에서 어떤 상황을 겪었다 해도 아이의 생각과 마음은 온전히 아이의 것이기 때문에 아이가 어떻게 판단하고 어떤 감정을 느꼈는지 아이만이 정확히 알고 있습니다. 그러니 부모는 아이의 마음을 알고 싶은 궁금증을 갖고, 판단 없이 중립적인 자세를 갖는 것이 가장 중요해요. 아이가 부모의 생각과 맞지 않는 행동을 했다 하더라도 욱하거나 동요하지 말고 경청해야 하고요.

예를 들어 형이 자신을 때려 동생이 부모에게 도움을 청하러 왔다면 "너 또 동생 때렸지?"라고 지레짐작해 다그치기보다 "무슨 일이 있었는지 엄마한테 설명해줄래?"라고 묻는 것이 바람직해요. 설거지를 하고 돌아왔더니 아이가 이유도 설명하지 않고 "엄마, 미워. 엄마랑 안 놀아."라며 커튼 뒤에 숨는다면 "왜 괜히 삐져서 그래? 맨날 삐대. 이리 안 나와?"라고 아이의 감정을 무시하기보다 "무언가 엄마한테 속상한 것이 있나 보구나. 궁금한데 말해줄 수 있어?"라고 진심으로 묻는 것이 현명합니다.

2. 세심한 관찰

두 번째, 구체적인 관심을 표현하기 위해서는 **세심한 관찰**이 중요합니다. 왜냐하면 아이는 아직 자신의 감정이나 도움이 필요한 상황을 구체적인 언어로 표현하기 어렵거든요. 부모가 세심한 관찰로 아이의 표정이나 행동을 보고 관심을 가져주지 않으면 아이는 감정이 해결되지 않은 상태로 대충 넘어가버리거나, 감정을 억눌러 버릴 수 있어요. 예를 들어 아이가 매일 치마를 입고 가겠다고 한다거나, 어린이집에 장난감을 가지고 가겠다고 한다면 무언가 이유가 있을 거예요. 목욕을 하다 아이의 어깨에 멍든 자국이 관찰된다면 아이에게 특별한 사건이 생겼다는 의미일 거고요. 아이의 가방에 못 보던 장난감이 들어 있거나, 놀이터에서 잘 놀던 아이가 갑자기 집에 들어가겠다고 한다면 아직 해결되지 않은 감정이 있다는 표현일 겁니다. 따라서 부모는 아직 자기표현이 부족한 아이를 위해 세심한 관찰로 관심을 표현해줘야 합니다.

3. 아이의 표정이나 행동의 변화에 민감한 태도

세 번째는 아이의 표정과 행동, 목소리와 말투 등에 민감한 태도예요. 평소와 다른 아이의 표정과 말투, 투정과 떼, 울음 섞인 목소리는 아이에게 부모의 세심한 관심이 필요하다는 증거거든요. 부모가 아이의 다른 부분을 금방 알아차리고 민감하게 반응할 경우 아이는 부모가 자신에게 애정과 관심이 많다고 생각합니다. 예를 들어 아이가 처음 듣는 노래를 흥얼거린다면 "어디에서 배웠니? 노래를 크게 불러줄 수 있을까?"라고 관심을 가져줄 수 있어요. 또 어린이집을 하원할 때 아이가 오늘따라 떼를 쓰고 안아달라고 하거나 투정을 부린다면 "뭐가 힘들어? 엄마도 힘들어. 그냥 걸어가."라고 말하기보다 "오늘 어린이집에서 힘든 일이 있었니? 우리 딸이 평소와 다르네."라고 말하는 것이 좋습니다.

아이와 소소한 일상을 함께 나누고 아이가 느끼는 감정의 흐름과 변화에 구체적인 관심을 표현해보세요. 부모로부터 애정과 공감을 받는다는 느낌에 아이의 자존감이 쑥쑥 올라갈 겁니다.

부모 관심의 우선순위는 무엇인가요?

페이스북 '감동으로 세상 바꾸기' 페이지에 올라온 콘텐츠를 하나 소개할게요. 한 유명 철학 교수가 진행한 수업 내용입니다. 교수는 수업 도중 빈 플라스틱 상자를 교탁 위에 올려놓았어요. 이후 탁구공을 플라스틱 상자에 가득 담았지요. 그리고 학생들에게 질문을 합니다.

교수: 다 찼나요?

학생들: 다 찼어요.

이번에 교수는 작은 자갈들을 플라스틱 상자에 쏟아붓습니다. 자갈들은 탁구공 사이사이로 들어갔지요.

교수: 다 찼나요?
학생들: 네, 다 찼어요.

이번에 교수는 모래를 쏟아붓습니다. 모래는 탁구공과 자갈 사이사이로 들어갔어요.

교수: 다 찼나요?
학생들: 네, 이젠 더 이상 어떤 것도 들어갈 수 없을 만큼 가득 찼습니다.

이번에 교수는 홍차 한 잔을 쏟아붓고 말합니다.

교수: 이 플라스틱 상자는 여러분의 인생입니다. 탁구공은 가족, 건강, 친구이지요. 자갈은 일과 취미이고, 모래는 나머지 다른 자질구레한 일들이에요. 그리고 홍차는 여유입니다.

만약 플라스틱 상자에 모래를 먼저 가득 채워 넣었다면 어떻게 되었을까요? 아마 자갈과 탁구공은 담을 수 없었을 거예요. 돈과 명

예, 쾌락 등 자질구레한 모래에 신경 쓰다가 가족, 건강, 친구를 잃는다면 결코 성공한 인생이라 볼 수 없잖아요. 이렇게 인생의 우선순위가 있듯이 양육에도 우선순위가 있습니다. 부모가 어디에 우선순위를 두느냐에 따라 '부모-자녀' 관계가 달라지고 양육의 결과도 달라질 거예요.

7세 태민이는 아토피가 심한 남자아이입니다. 어느 날 태민이는 엄마와 함께 놀이수학 수업에 참여했어요. 놀이수학은 소그룹으로 진행되는 꽤 비싼 수업이에요. 그런데 수업이 시작된 지 10분도 채 되지 않아 태민이가 울상을 지으며 밖으로 나왔습니다.

태민: 엄마, 간지러워.

엄마: (짜증을 내며) 참아. 지금 수업 중인데 나오면 어떻게 해!

태민이는 가려운 곳을 긁으며 들어갔어요. 하지만 5분도 되지 않아 다시 나왔지요.

태민: 못 참겠어. 너무 간지러워.

엄마: (소리를 지르며) 지금 어쩌라고! 이게 얼마짜리 수업인데!

엄마는 태민이의 등을 세게 내려칩니다. 15분도 되지 않는 짧은 상황으로 태민이와 엄마의 상황을 다 알 수는 없습니다. 하지만

이 상황만 놓고 보면 엄마의 우선순위에서 태민이의 아토피(건강)는 놀이수학 수업에 밀린 것이 분명합니다. 태민이 엄마의 진짜 마음은 그렇지 않을 거예요. 무엇보다 내 아이의 건강이 더 중요하겠지요. 하지만 일상의 작은 갈등에서 부모가 반복적으로 자신의 건강보다 수업을 더 중요하게 여기는 것처럼 반응하면 아이는 오해하고 이렇게 물을지 모릅니다. "엄마는 내 건강이 중요해, 공부가 중요해?"

물론 공부도 중요합니다. 공부를 잘하면 받을 수 있는 혜택이 많은 것도 분명해요. 부모로서 미래에 생길 혜택을 아이에게 미리 알려주고, 아이가 모든 것을 누릴 수 있도록 도움을 주고 싶은 것은 당연한 마음입니다.

하지만 중요한 것은 부모의 관심이 '학습'에 집중될수록 오히려 아이들은 자기주도학습을 하지 않는다는 겁니다. 이것은 많은 사례를 통해 증명되었어요. 예를 들어 2020년 수능 만점을 받은 세 학생이 한 예능프로그램에 나와 인터뷰를 한 적이 있습니다. 세 학생 모두 "부모님이 공부하라고 했으면 나는 공부를 안 했을 것이다."라고 말했지요. 더욱 재미있었던 건 3명 모두 한 번도 부모가 성적을 묻지 않았다는 거예요. 아이의 학습동기와 자기효능감은 부모가 무관심한 듯 자율성을 허락할 때 오히려 촉진됩니다. 부모의 우선순위가 아이의 건강, 정서, 인성, 행복에 집중되었을 때 아이의 우선순위가 비로소 성취, 잠재능력 계발, 학습에 집중될 수 있습니다.

부모 관심의 우선순위에 아이의 안정된 일상을 넣자

부모가 아이의 건강과 인성, 행복 외에 또 특별히 신경을 써야 할 것이 있습니다. 바로 발달에 적합한 '안정된 일상'이에요. 부모가 하루가 멀다 하고 매일 부부싸움을 한다면 아이의 안정된 일상은 유지되기 어려울 거예요. 옛 어른들이 "아이 앞에서 싸우지 마라."라고 말씀하신 이유입니다. 부모의 사랑을 먹고 자라야 하는 아이가 학대나 차별을 경험한다면 심리적으로 안정되지 못할 거고요. 아이의 안정된 일상에 대해 함께 고민해볼 만한 사연을 소개드릴게요.

7세 유진이는 아직까지 한 번도 기관을 다녀본 적이 없습니다. 공동 육아와 가정 보육으로 자랐거든요. 엄마는 아이를 어린이집이나 유치원에 맡기는 것보다 부모가 직접 키우는 것이 중요하다고 생각했어요. 4세까지는 같은 생각을 가진 부모들도 많았고요. 그런데 5세가 되자 친구들이 전부 유치원에 입학했습니다. 엄마는 유진이가 특별히 유치원에 가겠다는 이야기를 하지 않았고, 홈스쿨링을 긍정적으로 생각했던 터라 굳이 유치원을 이용하지 않았습니다. 언제든 늦게까지 잘 수 있고, 심심하면 어디든 갈 수 있는 여유가 참 좋았거든요. 어제는 바다, 오늘은 산, 내일은 놀이동산 등 매일 새로운 곳을 다니며 체험하는 것만으로도 충분히 즐겁게 지내고 있다 생각했지요.

7세가 되자 유진이가 부쩍 심심해하기 시작했습니다. 이틀에 한 번꼴로 집 근처 자연체험학습장과 여행지는 다 찾아다녀서 이제는 더 이상 가볼 곳도 없었습니다. 키즈카페는 거의 출석도장을 찍을 만큼 갔지요. 문제는 오전에 키즈카페에 가면 친구가 아무도 없거나, 기관에서 단체로 온 친구들이 자기들끼리만 논다는 거예요. 그래서 어느 날부터 유진이는 키즈카페도 가기 싫어했어요. 오후 단과학원은 그나마 친구들을 만날 수 있어 좋아했지요. 하지만 2~3개월이 지나자 반이 바뀌거나 친구들이 학원에 오지 않았어요. 어느 순간 엄마는 유진이가 친구를 잃을까 전전긍긍하는 모습을 보게 되었지요. 최선을 다해 키웠건만 아이의 놀이욕구와 친구에 대한 갈망을 제대로 채워주지 못한 것 같아 엄마는 마음이 너무 아팠습니다.

나라마다, 가정마다 양육 방식은 모두 다릅니다. 어느 하나만이 정답이라고 할 수는 없어요. 여기서 강조하고 싶은 것은 '발달에 적합한 안정된 일상'입니다. 하루는 바다, 하루는 산, 하루는 동물원 등 매일 새로운 체험을 하는 것이 마냥 좋지만은 않을 거예요. 항상 일어나는 시간에 일어나고, 어제 만난 친구와 오늘도 만나는 것은 지루한 일상인 것 같지만 가장 안정된 일상이기도 합니다. 내일 친구를 만날 수 있을까 고민하지 않아도 되지요. '오늘은 어디 가지?' 특별히 생각하지 않아도 되고요. 매일 만나는 담임선생님이 엄마처럼 항상 따뜻하고 친절하게 대해줄 때 '엄마만 날 사랑해.'가 아니라 '어른들은 날 사랑해. 친절해.'라는 생각으로 일반화되지요. 사람에 대한 안정되고 긍정적인 이미지는 아이들에게 언제 어디서든 밝고 명랑하고 씩씩하게 도전할 수 있게 하는 원동력이 됩니다. 어제 친구와 싸웠어도 오늘 다시 화해하는 과정을 경험하면서 아이들은 자연스럽게 사회적인 기술을 습득하게 되고요. 어제 가지고 놀았던 놀잇감을 오늘 새로운 방식으로 가지고 놀면 창의력과 문제해결능력이 자라납니다.

초등 저학년까지 아이들의 일상은 크게 두 가지로 나뉩니다. 하나는 '기관생활 적응'이고 다른 하나는 '놀이'이지요. 부모는 아이가 유치원이나 학교에서 어떤 친구와 친한지, 왜 그 친구를 좋아하는지, 무엇을 먹는지, 어떤 갈등이 있는지, 어디로 견학을 가는지, 어떤 주제로 놀이를 하는지, 어떤 노래를 배웠는지 등에 관심을 가져야 해요. 간혹 교육 현장에서 아이들을 보면 견학지에서 먹을 도시락을 싸와야 하는 날 도시락을 안 가져오는 아이가 있어요. 부모가 견학을 가는 날인지, 필요한 준비물이 무엇인지를 잊은 경우이지요. 누구나 한두 번은 깜빡할 수 있습니다. 문제는 유독 한두 아이만 이런 곤란한 상황을 반복해서 겪는다는 거예요. 부모로부터 챙김과 관심을 받지 못한 아이는 당황하게 되고, 위축되고, 자존감이 떨어지게 되지요. 위축된 상태에서는 견학지에서 마음 편하게 안정된 교육적 자극을 받을 수 없습니다.

'아이는 놀이가 삶이다.'라는 말 들어보셨지요? 아이의 일상에서 놀이는 빠질 수 없는 부분이에요. 아이의 일상이 놀이이기 때문에 부모는 아이가 좋아하는 놀잇감, 아이의 발달 수준과 생각이 담긴 작품, 놀이 속 이야기 등에 관심을 가져야 해요. 놀이가 삶인 아이들과 친해질 수 있는 유일한 방법은 삶 속에 들어가는 것이지요. '놀아주는 부모'가 아닌 '진짜 함께 노는 부모'가 될 때 애착 관계가 단단해질 수 있거든요. 아이와 재미있게 놀 수 있는 방법에 관한 구체적인 내용은 후술할 예정입니다.

아이는 반복되는 일상을 통해 조금씩 성장해요. 일상이 아무 문제없이 돌아가고 있다는 것은 아이가 잘 성장하고 있다는 증거이기도 하지요. 또 아이와 일상을 공유하는 부모는 특별한 체험을 함께하는 부모보다 훨씬 편안함과 친근감을 줍니다. 안정되고 반복된 루틴은 아이의 행복 빈도를 높이기에도 매우 좋지요. 아이의 행복은 특별한 추억이 아닌, 일상에서 부모와 함께 웃고 진심 어린 사랑과 관심을 받으며 부모의 따뜻한 품에서 잠들 때 생기거든요. 하루하루 아이와 행복한 일상을 많이 공유하시길 바랄게요.

퀄리티타임 3

스킨십으로 사랑 짓기

하나 | 아이를 위한 최고의 선물

둘 | 일상 속 스킨십의 힘

셋 | 사회성을 키우는 올바른 스킨십

넷 | 과한 스킨십이 걱정이라면

다섯 | 아이의 발달 수준과 성향을 고려해야

아이를 위한 최고의 선물

길거리에서 연인처럼 느껴지는 두 사람을 본 적 있나요? 왜 그들이 연인 사이일 거라고 예상하셨나요? 아마도 두 사람의 스킨십 정도를 관찰한 후 긴밀한 관계라고 예측했을 겁니다. 스킨십은 아무에게나 아무렇게나 허락할 수 있는 것도, 할 수 있는 것도 아니니까요.

인간은 누구나 다른 사람과 관계를 맺으며 살아가고, 안정적인 관계가 형성될 때 행복감을 느낍니다. 그중 애착은 가장 특별한 사람과 맺는 신뢰와 믿음을 의미하지요. 애착은 '너와 나' 둘만의 특별함과 친밀함, 끈끈함이라는 중요한 가치가 들어 있기 때문에 애착이 이뤄지기 위해서는 애착행위가 필수적이에요. 즉 '너는 내 편'이라는 의미의 행위가 필요한 것이지요.

안정감, 안락함, 행복을 느끼게 하는 통로

인간이 누군가를 사랑하면 행복해진다고 하잖아요. 그것은 애착행위가 이뤄지는 순간 옥시토신이라고 하는 행복호르몬이 분비되기 때문입니다. 스킨십은 이러한 애착행위 중 대표적인 예라고 할 수 있지요. 즉 스킨십은 가장 강력하게 전달되는 사랑의 표현이기 때문에 관계의 질을 긍정적으로 유지하거나 혹은 좋지 못한 관계를 변화시키는 데 매우 효과적인 수단입니다.

그렇다고 스킨십이 애착 형성을 위한 행위인 것만은 아닙니다. 스킨십의 가장 큰 특징은 누구와 어느 정도의 스킨십을 하느냐에 따라 관계의 질이 다르다는 거예요. 같은 반 친구라 하더라도 매순간 팔짱을 끼며 노는 친구가 있는가 하면, 손을 잡는 것도 어색한 친구가 있잖아요. 아무리 스킨십을 좋아하는 사람이라도 상대가 누구냐에 따라 스킨십이 행복과 즐거움을 줄 수도 있고, 괴로움과 고통을 주기도 하지요. 따라서 누군가와 기분 좋은 스킨십을 많이 한다는 것은 그 사람과 가깝다, 친밀하다, 사랑한다, 좋아한다 등의 긍정적인 관계를 맺고 있음을 의미합니다.

'부모-자녀' 관계에서도 안정적인 애착이 형성되기 위해서는 아이의 피부와 부모의 피부가 서로 맞닿는 스킨십이 필수입니다. 특히 '부모-자녀' 관계에서 스킨십은 연인 사이의 스킨십 이상의 가치를 가져요. 연인 사이의 스킨십은 대체로 사랑과 애정의 의미가 강하지만 '부모-자녀' 사이의 스킨십은 사랑과 애정 이상의 보호와 안전, 안락함과 안정감의 의미를 동시에 갖기 때문입니다. 이는 아이가 언제 부모와 스킨십을 강하게 원하는지를 보면 알 수 있어요. 아이는 주로 잠들기 전, 잠에서 깨고 난 직후, 부모가 자신에게 화를 낼 때, 낯설거나 두려울 때, 걱정이나 불안이 있을 때 스킨십을 원합니다. 주로 심리적으로 힘들고 나약해져 있을 때 원하는 것이지요.

아이에게 스킨십은 스트레스가 없는 상태로 가기 위한 반응, 즉 안정감과 안락함을 느끼고자 하는 무의식적 반응입니다. 따라서 아이가 안아달라고 할 때 **"귀찮게 왜 그래?" "다 큰 애가 뭘 안아달라고 해."**라고 말하는 것은 아이에게 **"난 널 보호하고 싶지 않아." "이젠 네가 좀 알아서 해."** 하고 반응하는 것과 같습니다.

아이에게 스킨십은 안정감, 안락함, 행복을 느끼게 하는 통로입니다. 부모가 아이와 소통하고자 한다면, 짧은 시간 질 좋은 소통으로 긍정적인 '부모-자녀' 관계를 형성하고자 한다면 스킨십에 대한 관심과 연습이 필요합니다.

두뇌발달, 언어발달, 사회성 등에 좋은 자극을 주는 스킨십

스킨십이 아이의 안정감, 안락함, 행복과 관련이 있다는 것은 스킨십이 아이의 정서발달에 큰 영향을 준다는 의미입니다. 이것은 우리의 피부에 수많은 신경세포가 분포하고 있기 때문인데요. 부모와 스킨십을 할 때 아이는 신경전달물질이 방출되어 신경계가 안정되고, 스트레스호르몬이라 불리는 코르티솔 수치가 낮아진다고 합니다. 즉 부모와의 스킨십이 아이의 뇌에 안전하고 안락하다는 신호를 전달하는 것이지요.

스킨십이 아이의 정서발달에만 영향을 주는 것은 아닙니다. 피부에는 수많은 신경세포가 분포되어 있다고 했잖아요. 피부는 특히 영아기 아기에게 두뇌와도 같아요. 아기는 피부로 느끼는 자극을 두뇌로 빠르게 흡수하지요. 감각기관 중 촉각은 태내에서부터 발달해 이미 태어난 이후에는 따뜻함과 차가움 같은 온도의 차이, 통증을 느끼는 통각, 부드러움과 거칠함 등의 피부 자극을 모두 구별할 수 있어요. 즉 촉각은 빠르게 발달되는 신체기관 중 하나로, 특히 0~2세는 감각기관을 통해 세상을 받아들이는 시기이지요. 부모와의 충분한 스킨십을 통해 촉각 자극을 많이 받은 아이가 두뇌발달도 빠른 것은 당연합니다.

게다가 정서적으로 안정감을 느끼고 두뇌발달이 빠른 아이는 세상에 대한 신뢰와 호기심이 높아요. 궁금한 것이 많은데 세상을 신뢰하다 보니 무엇이든 스스로 탐색하게 되지요. 부모가 하는 말을 유심히 관찰하고 따라 하다 보니 자연스레 언어발달도 빠르고, 사회성도 높아지게 되고요. 각 영역의 발달이 서로 연결되어 있기 때문에 정서적으로 안정된 아이는 언어, 인지, 사회성이 전반적으로 고르게 발달하는 것이 일반적입니다.

반대로 스킨십이 부족하다는 것은 피부로 받는 자극이 부족해 그만큼 덜 발달한다는 의미예요. 대부분 아기는 태어날 때부터 세포의 수가 거의 비슷한데, 자극을 많이 받지 못하면 신경망의 가지치기가 덜 형성되어 결국 발달하지 않거든요. 감각기관의 발달이 형성되는 최적의 시기에 스킨십 부족으로 가지치기가 덜 형성될 경우, 이후에는 같은 자극을 주어도 발달의 속도가 현저히 차이 날 수밖에 없고요.

이런 결과는 우리에게 부모로서 어떤 역할을 해야 하는지를 새삼 느끼게 해줍니다. 물론 성분을 꼼꼼히 따져 영양이 풍부한 분유를 골라 먹이는 것도 중요해요. 하지만 분유를 먹일 때 부모가 아이를 안고 눈을 맞추며 먹이느냐, 수유베개에 눕혀 놓고 혼자 먹게 하느냐에 따라 아이의 발달은 다르게 형성될 수 있습니다. 잠에서 깬 아이가 두려움에 우는 소리에 민감하게 달려가 안아주는 부모와 계속 안아달라는 습관이 생길까 두려워 한두 번 안아주다 마는 부모에게서 자란 아이의 심리적 안정감은 다를 수 있지요.

아이에게 해줄 수 있는 최고의 선물은 바로 부모의 따뜻한 품입니다. 부모의 품만 있으면 아이는 두려울 것이 없거든요. 오늘부터 사랑하는 내 아이를 부모의 포근하고 안락한 품으로 와락 안아주길 바랍니다.

일상 속 스킨십의 힘

아이와 주로 언제 스킨십을 하시나요? 가족의 사랑과 신뢰는 어떤 특별한 날, 특별한 상황에서만 경험해야 하는 것이 아니지요. 일상에서 매일 수시로 느끼고 경험해야 합니다. 스킨십도 마찬가지입니다. 아이가 잠을 자러 들어가서만 부모를 만지고, 부모의 냄새를 맡고, 부모에게 안길 수 있다면 이것만으로는 턱없이 부족해요.

충족되지 않은 사랑은 결핍으로 이어지기 마련이에요. 아이가 부모의 사랑을 의심하지 않도록 부모가 하루 중 10번 이상, 시간으로는 10분 이상 아이와 질 높은 스킨십을 나누고자 의도적으로 신경을 쓸 필요가 있습니다.

아이의 일상 속 패턴에 스킨십을 포함시켜야

이미 충분히 아이와 스킨십을 나누고 있는 분도 많겠지만 만약 그렇지 못하다면 반복되는 일상 속 패턴에 스킨십을 포함시키길 권해드려요. 예를 들어 잠을 자고 깨기, 밥을 먹고 양치하기, 유치원이나 학교에 등·하원하기, TV 시청하기, 놀이하기, 목욕하기 등은 매일 반복하는 일상이지요. 이때 부모가 아이와 다정한 스킨십을 나눈다면 아이는 수시로 부모의 사랑을 경험할 뿐만 아니라 일과를 더욱 안정되고 즐거운 마음으로 보내게 됩니다. 일상 속 스킨십이 아이에게 어떤 의미가 있는지, 좀 더 특별하고 행복한 스킨십이 될 수 있는 방법은 무엇이 있는지 알려드릴게요.

우선 아침에 아이가 잠에서 깰 때입니다. 아이의 컨디션은 부모가 아침에 어떻게 깨우느냐에 달려 있어요. 안 그래도 일어나기 싫은데 부모가 갑자기 불을 켜며 "빨리 안 일어나? 얼른!"이라며 명령하거나, "너 안 일어나면 엄마 혼자 나가!"라며 협박한다면 아이는 기분 좋게 일어나기 힘들 거예요. 이때는 잠시 하던 일을 멈추고 딱 3분만 시간을 내보세요. 아이의 이마에 살짝 뽀뽀를 해준 후 팔다리를 주무르며 쭉쭉이를 해주는 것이지요. 부드러운 부모의 손길이 자신의 몸에 닿을 때 아이는 자연스레 일어날 시간임을 인지할 겁니다. 이때 "우리 딸, 잘 잤니? 일어나기 힘들지? 하지만 일어나야 할 시간이야. 오늘도 힘내보자."라고 말해보세요. 아이의 아침 컨디션이 훨씬 좋아질 거예요.

만약 아이가 이런 방법을 써도 일어나기 힘들어한다면 화장실까지 부모가 업고 가는 것도 하나의 방법이 될 수 있어요. 왜냐하면 막 잠에서 깨었을 때는 심리적으로 아직 제 나이의 컨디션이 아니거든요. 조절능력이 부족하고, 사회(유치원, 초등학교 등)보다는 편안한 집이 더 좋은 우리 아이에게 부모와 헤어질 준비를 해야 하는 아침은 즐겁지만은 않은 상황이지요. 이때는 하루 중 가장 큰 부모의 응원과 격려가 필요해요. 한 번으로는 부족해요. 순간순간 끊임없는 칭찬이 필요한 때지요. 혼자 양치를 할 때, 옷을 갈아입을 때, 밥을 먹을 때 조금 서툴고 느린 모습을 보여도 엉덩이를 토닥토닥 두들겨주는 것이 좋습니다.

이제 아이가 유치원이나 학교에 갈 시간이 다 되었다면 있는 힘을 다해 안아주고 뽀뽀하고 충분한 애정을 표현해주는 것이 중요합니다. 이때 부모의 애정 표현은 아이에게 배터리 충전과도 같아요. 사회로 나가는 순간 규칙을 지켜야 하고, 또래와 나눠야 하고, 협력해야 하고, 양보해야 하는 등 아이가 마음대로 할 수 없는 상황이 너무 많거든요. 모든 순간이 스트레스의 연속이지요. 그러니 아이에게는 사회에 나가 쓸 에너지가 필요합니다.

이후 아이가 기관에서 일과를 마무리하고 돌아왔다면 가슴과 가슴을 맞닿아 꼭 안아주세요 이때 부모가 따뜻하게 포옹을 해주는 것은 두 가지 의미가 있습니다. 하나는 수고했다는 의미이고, 또 하나는 오후 시간을 위한 재충전의 의미이지요. 아이는 기관에서 순간순간 여러 갈등을 해결하며 에너지를 다 쓰고 왔을 거예요. 그러니 오후 시간을 위한 재충전이 필요합니다. 예를 들어 아이가 학교를 다녀오면 부모는 배가 고플까 봐 간식을 챙겨주잖아요. 간식은 신체적 컨디션을 위한 충전이지만 부모의 포옹은 정신적 컨디션을 위한 충전과도 같아요. 그러니 밋밋하게 "잘 갔다 왔어?"라고 말로만 인사하지 말고 가슴으로 안아주는 따뜻한 포옹도 함께 곁들이는 것이 좋습니다. 만약 부모가 직장을 다녀 아이를 안아줄 수 없다면 아이를 보호하고 있는 보호자를 통해 전화통화로 재충전을 해줘도 좋아요. 부모의 목소리를 통해 언제나 널 생각하고 있다는 메시지를 전달받는 것만으로도 아이는 충분히 마음의 안정과 사랑을 느낄 수 있을 테니까요.

저녁을 마무리하는 시간은 특히 아이와 스킨십을 나누기에 가장 효과적인 시간입니다. 아이도 부모도 시간적 여유가 충분하고, 마음에 편안함과 안정감이 있는 상태이기 때문입니다. 양적으로나 질적으로나 스킨십의 감동이 배가 될 수 있는 시간이지요. 부모와 함께 목욕하기, 부모의 무릎에 앉아 책 읽기, 이불 속에서 뒹굴기, 서로의 몸 간지럼 태우기, 꼭 안고 잠자기 등 다양하고 충분한 스킨십은 아이에게 안정감뿐만 아니라 부모의 사랑을 느끼게 해주는 소중한 시간입니다. 아이의 심리적 안정감은 높은 자존감과 연결되고, 아이의 높은 자존감은 어느 날 아이가 세상에 우뚝 서게 하는 원동력이 됩니다.

17세 나이로 고등학교를 조기 졸업하고 정신건강 상담사로 전 세계를 다니며 치유의 역할을 하고 있는 하버드대학교 조세핀 김 교수는 가난한 목사의 딸로 유명합니다. 그의 부모님이 한 방송에서 이런 인터뷰를 한 적이 있어요. "방이 하나라 서로 뒤엉켜 잘 수밖에 없었습니다. 눈을 감고 있는 상태에서 피부로 느껴지는 부모의 존재감이 아이에게는 안정감을 주었던 것 같아요."라고요. 어쩌면 아이에게는 넓고 훌륭한 집보다 포근하고 아늑한 부모의 품이 더욱 필요한지도 모릅니다.

행복한 스킨십을 위한 일곱 가지 방법

일상 속 스킨십 외에 좀 더 많이, 좀 더 진하게 스킨십을 해야겠다는 생각이 드셨다면 다음의 일곱 가지 스킨십 방법을 활용해보세요. 스킨십은 최대한 다양한 감각을 활용하시는 것이 좋아요. 서로 눈을 맞추고, 부모의 향기를 느낄 수 있도록 가까이 밀착하고, 사랑의 메시지를 전달하면서 함께 웃을 수 있다면 더없이 좋습니다. 즉 체온, 냄새, 눈맞춤, 속삭임, 피부 접촉 등 다섯 가지 접촉을 동시에 활용해보시기 바랄게요. 아이와 함께 행복한 스킨십을 나누다 보면 아이뿐만 아니라 부모 자신도 모성애, 부성애가 높아지고 서로의 존재에 감사하게 되는 일상의 평온과 행복, 감사와 믿음이 찾아올 거예요.

1. 위로가 필요할 때, 잘못을 야단치고 난 후에는 가슴 스킨십

아이가 시험을 망쳐서 속상해 있나요? 아이가 원하는 대로 블록이 만들어지지 않아 짜증을 내고 있나요? 이럴 때는 야단을 치거나 블록을 더 잘 만들 수 있게 도움을 주기에 앞서 먼저 아이를 안아주세요. 속상하고 짜증이 나 있다는 것은 아이의 감정이 북받친 상태로 평소보다 심박수가 빠르게 뛰고 있다는 의미예요. 이때 부모가 가슴으로 안아줄 경우 아이의 심박수는 다시 평소대로 안정을 찾을 거예요. 마음이 안정되면 훨씬 이성적인 생각과 판단을 할 수 있게 되므로 문제해결에 훨씬 효과적이랍니다.

혹시 아이가 잘못을 저질러서 야단을 치셨나요? 그렇다면 꼭 아이를 안아주는 것으로 마무리해주세요. 아이의 생각은 어른과 달라요. 부모는 아이가 잘 되라고 야단을 치지만 아이는 '날 사랑하면 혼내면 안 된다.'라는 비합리적 신념을 갖고 있거든요. 즉 아이는 부모가 자신을 야단치면 부모의 사랑을 의심하게 됩니다. 그러니 아이가 이런 의심을 날려버릴 수 있도록 반드시 마지막에 꼭 아이를 안아주세요.

2. 기억력과 소근육 발달에 좋은 손 놀이

어릴 적 〈푸른 하늘 은하수〉 〈신데렐라〉 등의 노래에 맞춰 손 놀이를 했던 것을 기억하시나요? 놀잇감이 풍부하지 않던 시절, 단짝 친구와 나눈 손 놀이가 뭐가 그리 재미있었는지 깔깔 웃었던 기억이 납니다. 아이에게 "엄마가 예전에 했던 놀이인데." 하고 말하며 손 놀이를 알려주세요. 부모와 호흡을 맞춰 손 놀이를 할 때 즐거움과 친밀감을 느낄 뿐만 아니라 자연스레 기억력과 소근육 발달에도 큰 도움이 될 거예요.

3. 둘만의 스킨십 인사 만들기

결속력과 친근감을 경험하기에 가장 좋은 방법은 둘만의 비밀을 공유하는 것이지요. 즉 아빠와 아이, 엄마와 아이, 혹은 가족끼리 나누는 스킨십 인사가 있다는 것은 아이에게 가족 간의 화합과 애정을 경험하도록 하기에 좋은 방법이 될 수 있어요. '주먹-주먹' 터치, '어깨-어깨' 터치, '엉덩이-엉덩이' 터치, '볼-볼' 터치 등을 박자에 맞춰 해보세요. 순서를 기억하고 우리끼리만 아는 인사를 나눌 때 아이는 재미뿐만 아니라 행복감도 함께 느낄 수 있습니다.

4. '엄마 손은 약손'으로 보살핌과 사랑 확인시키기

많은 부모들이 어릴 적 어른들이 배를 살살 어루만져주며 〈엄마 손은 약손〉 노래를 불러줬던 것을 기억할 겁니다. 보통 찬 음식을 먹거나 소화가 잘 안 될 경우 배가 아프다는 느낌이 드는데요. 이때 엄마가 〈엄마 손은 약손〉을 부르며 10분가량 배를 문질러주면 특별히 약을 먹지 않아도 금방 낫는 느낌을 받곤 했지요. 엄마의 따뜻한 온기가 전해지면서 배앓이가 사라진 경험을 다들 해보셨을 거예요. 신기하게 엄마가 손으로 살살 배를 문질러주면 변비도 낫는 것 같고, 감기도 낫는 것 같은 느낌이 들기도 하고요. 실제로 '엄마 손은 약손'은 과학적으로도 증명된 장운동 치료법입니다. 동시에 아이로 하여금 따뜻한 보살핌을 받는다는 느낌을 받게 하고, 부모의 사랑을 확인하기에도 매우 좋아 만병통치약과 같습니다.

5. 신체 부위별 마사지로 몸 구석구석 골고루 스킨십하기

아이는 부모가 자신의 몸을 구석구석 모두 만지고 비비고 주무르길 바랍니다. 아이를 목욕시킨 후 바로 옷을 입으라고 재촉하지 말고 월요일은 손 마사지, 화요일은 두피 마사지, 수요일은 발 마사지, 목요일은 얼굴 마사지, 금요일은 등 마사지, 주말은 전신 마사지를 해주세요. 향기로운 냄새가 나는 로션이나 잔잔한 음악이 함께 있으면 더욱 좋고요. 이때 부모도 함께 목욕을 했다면 아이가 부모의 몸에 로션을 발라주며 마사지해주는 것도 좋아요. 서로 비비고 문지르면서 몸 구석구석 골고루 스킨십한다면 좋은 향과 함께 따뜻한 느낌도 전달될 거예요.

6. 토닥토닥 가족릴레이 안마로 스킨십 전달하기

안마는 손으로 뭉친 몸의 부위를 두드리거나 주물러서 혈액 순환을 도와주는 것을 말해요. 즉 피곤한 몸을 풀어주는 '효도'의 의미가 들어 있어요. 또 가족이 서로 안마를 해주면 상대가 자신을 위로하고 감사하고 배려한다는 느낌을 받게 되지요. 아빠가 엄마한테, 엄마가 아이한테, 아이가 아빠한테 서로 릴레이 방식으로 안마를 해보세요. 가족의 몸이 뭉치고 아픈 곳이 어딘지를 살피며 따뜻한 사랑을 느낄 수 있을 거예요.

7. 어깨부터 팔까지 쓰다듬기로 응원의 마음 전하기

우리는 보통 누군가 시무룩해 있거나 힘이 빠져 있을 때 "어깨 펴."라는 말을 합니다. 즉 어깨가 접혀 있다는 것은 자신 없고, 흥미가 없다는 느낌을 줍니다. 반면 어깨가 펴져 있다는 것은 자신감이나 자존감이 충분하다는 느낌을 주지요. 부모는 아이의 어깨를 자주 관심 있게 봐주고 어깨에 에너지를 넣어주려 노력할 필요가 있어요. 아이의 어깨를 펴주고 어깨부터 팔까지 쓰다듬어주는 스킨십은 아이에게 '괜찮아. 잘하고 있어.' '힘내. 엄마가 언제나 응원할게.'라는 느낌을 주거든요. 쓰다듬기, 어깨 만지기로 우리 아이에게 언제 어디에서든 부모가 널 응원하고 있다는 느낌을 많이 많이 전달해주시기 바랄게요.

사회성을 키우는 올바른 스킨십

이번에는 스킨십이 아이의 사회성 발달과 어떻게 연관되어 있는지 조금 다른 차원에서 생각해볼게요.

반응이 귀엽다고 아이 몸에 장난은 금물

스킨십과 사회성 발달의 관계를 정확히 알면 아이와 부모에게 서로 좋은 스킨십 방법을 찾을 수 있습니다. 사회성의 기초는 상대의 감정을 인식하고 상황에 적합한 행동을 할 수 있느냐에 달려 있어요. 상대를 배려하지 않고 자기가 좋다고 마음대로 행동하는 것은 결코 사회성 발달에 좋은 영향을 미칠 수 없지요. 즉 아무리 내가 긍정적인 의도와 좋은 감정으로 시도했다 하더라도 타인이 싫어한다면 그 행동을 멈추거나 타협할 줄 알아야 해요. 또 상대가 자신보다 나이가 많거나 적거나 혹은 어느 정도 친밀감과 신뢰가 쌓여 있느냐에 따라 해도 되는 말과 해서는 안 되는 말, 해도 되는 행동과 해서는 안 되는 행동이 있고요.

스킨십은 몸으로 표현하는 사회성이기 때문에 이러한 사회적 기술이 상황에 따라 적절하게 적용되어야 합니다. 예를 들어 아무리 가까운 사람이라도 상대의 기분을 살피지 않고 스킨십을 시도하는 것은 불쾌감을 줄 수 있어요. 자신은 좋은 의도였다 하더라도 상대가 원치 않는 방식이면 멈추고 하지 말아야 합니다. 아무리 친한 상대라도 때와 장소에 따라 스킨십의 정도를 조절할 줄 알아야 해요.

'부모-자녀' 간 스킨십도 다르지 않습니다. 때와 장소에 따라 조절할 줄 알아야 해요. 부모는 아이에게 스킨십의 좋은 모델링이 되어야 합니다. 그러니 부모들 중 장난이라며 아이의 몸을 강제로 거칠게 혹은 함부로 건드리는 경우가 있으면 안 되겠지요. 다음은 부모가 주의해야 할 스킨십 유형이에요.

1. 수염이 난 얼굴로 아이에게 거칠게 뽀뽀하기
2. 장난삼아 공으로 아이의 머리 등 신체 일부를 툭툭 치기
3. 빠른 속도로 아이를 높이 던지고 받기
4. 손으로 전달해야 할 물건을 발로 전달하기
5. 싫다고 거부하는 아이의 얼굴에 음식물이나 물감 묻히기
6. 게임에서 졌다는 이유로 아이에게 고통을 주는 벌칙 사용하기
7. 준비되지 않은 상황에서 아이를 수영장이나 목욕탕에 빠뜨리기

이런 행동은 모두 아이에게 부모가 자신을 함부로 대하는 느낌을 줄 수 있습니다. 특히 부모의 지나친 스킨십이나 장난스러운 스킨십이 좋지 못한 느낌과 기억으로 남게 될 경우, 아이가 부모를 부정적으로 인식하고 관계가 나빠질 뿐만 아니라 자라서 이성을 사귈 때 극도로 스킨십을 거부하는 등 과민한 반응을 보일 수 있어요. 장난은 상대가 장난을 받아들일 준비가 되어 있을 때, 즉 합의된 상황에서 서로 기분이 좋아야 진짜 장난이 될 수 있습니다. 공을 던지는 행동도 상대가 받을 준비가 되었다면 공놀이가 될 수 있지만, 상대가 준비되어 있지 않다면 공격이 될 수 있어요.

부모는 아이에게 친구를 때리고 미는 것만 공격적인 행동이 아니라 장난이라며 과한 스킨십을 하는 행동도 공격적인 행동이 될 수 있음을 가르쳐야 합니다. 이 부분이 명확하게 지도되지 않을 경우 여러 가지 문제가 생길 수 있거든요. 예를 들어 단짝이라는 이유

로 자신이 좋아하는 친구를 다른 곳으로 가지 못하게 지시하고 통제한다거나, 장난이라는 이유로 친구를 심리적 혹은 신체적으로 아프게 하는 등의 행동을 할 수 있지요. 나아가 상대의 몸을 재미삼아 장난의 도구로 사용하는 데 익숙한 아이들은 훗날 성폭력이나 성범죄에 쉽게 빠질 수 있기 때문에 특히 주의가 필요합니다.

부모는 아이에게 올바른 삶의 모델링이 되어야 합니다. 그중 스킨십은 특별히 더 신경을 써야 할 부분이지요. 부부가 애정 표현이 과하다거나, 아이 앞에서 상대의 몸을 장난스럽게 함부로 만진다거나, 갑자기 허락 없이 장난을 치는 모습을 보이면 매우 위험할 수 있어요. 내 아이가 다른 사람에게 사랑받고 존중받기를 원한다면 부모가 먼저 상대 배우자나 자녀를 소중하게 생각하고 존중하는 태도를 보여야 합니다.

과한 스킨십이 걱정이라면

7세 현민이는 1남 1녀 중 장남으로 또래에 비해 덩치가 큰 편입니다. 엄마는 현민이가 11개월이 될 때까지 직장맘이었어요. 이때까지 외할머니가 현민이를 돌봐주셨는데요. 외할머니께서 갑자기 편찮아지기 시작하면서 엄마는 퇴사를 하고 양육과 간호를 병행하게 되었습니다. 이후 현민이가 5세 되던 해에 외할머니께서 돌아가셨고, 엄마는 한동안 많이 힘든 시간을 보내야 했어요. 현민이는 외할머니가 돌아가셨음을 정확히는 알지 못하지만 외할머니를 다시 만날 수 없다는 것은 인지하고 있었지요.

어릴 적부터 움직임이 크고 활동량이 많았던 현민이는 유치원에 다니기 시작한 5세 때부터 또래와 많은 갈등을 일으켰습니다. 힘든 시기에 엄마는 외할머니를 떠나보낸 슬픔으로 현민이를 따뜻하게 품어주지 못했다고 해요. 소리도 많이 지르고, 혼도 자주 내고, 가끔은 체벌을 하기도 했지요.

문제는 현민이가 7세가 되면서 더 크게 나타나기 시작했습니다. 현민이는 엄마가 야단을 치면 같이 소리를 지르고 공격적인 행동을 했습니다. 어느 날 현민이가 동생의 물건을 빼앗아 혼을 냈더니 현민이는 더 크게 화를 내며 **"빨리 손 내놔!"**라면서 엄마의 팔을 억지로 끌어 잡아당겼어요. 화가 난 엄마가 싫다며 거부하자 현민이는 끝내 엄마의 팔을 물어버렸지요. 현민이는 평소에도 엄마의 몸에 집착하는 모습을 많이 보였어요. 특히 잠을 잘 때는 움직이기도 힘들 만큼 엄마를 꼭 안고 있어서 엄마는 몇 년째 잠도 편하게 자지 못하는 상황이고요. 내년이면 초등학교에 가야 하는데 엄마는 여러 가지로 고민이 많습니다.

애착인형, 애착이불, 부모 신체 일부에 집착하는 것은 자연스런 과정

믿기 어렵겠지만 사실 아이는 누구나 '버림'에 대한 공포를 가지고 있습니다. 자신이 스스로 살아갈 수 없는 미성숙한 존재이다

보니 아이 입장에서 버림에 대한 공포는 본능적인 반응이지요. 보통 부모와 안정적인 애착을 이룬 아이의 경우 자연스레 버림에 대한 공포는 점차 사라지게 됩니다. 하지만 현민이처럼 자신을 돌봐주던 가까운 가족이 죽음으로 눈앞에서 사라지는 경험을 한 경우 '부모도 날 떠나면 어쩌지.' '혼자가 되면 어쩌지.' 하는 두려움이 더 크게 작용하지요. 이러한 두려움은 부모가 화를 낼 때, 불안할 때, 부모가 눈에서 보이지 않을 때 더 증폭되고요. 현민이가 엄마의 팔을 물어버린 사건은 **'현민이의 두려움이 자신의 통제능력을 뛰어넘은 상황'**이라 해석할 수 있어요. 즉 두려움이 너무 큰 나머지 자신의 통제능력을 잃어버린 것이지요.

아이들이 현민이처럼 불안해할 때 부모의 신체 일부나 혹은 애착인형, 애착이불 등에 집착하는 모습을 주변에서 쉽게 볼 수 있습니다. 흔히 처음 부모 품을 떠나 어린이집에 가는 아이가 애착인형이나 애착이불을 갖고 가곤 하잖아요. 그나마 이렇게 물건에 집착을 하면 부모의 걱정은 조금 덜한 편입니다. 왜냐하면 부모의 몸을 귀찮게 하거나 불편하게 하지는 않거든요. 하지만 부모의 가슴, 팔꿈치, 머리카락, 배꼽, 상처 등에 집착하는 아이라면 부모의 마음은 더욱 힘들 수밖에 없어요. 부모는 아프고 불편해서 하지 말라는 것인데 아이 입장에서는 거부당하는 느낌을 받는 것 같아 마음이 아프거든요.

아이가 애착이불, 애착인형, 부모의 신체 일부에 집착하는 것을 부모가 현명하게 돕기 위해서는 아이의 심리를 좀 더 구체적으로 이해할 필요가 있습니다. 먼저 이러한 행동을 단지 문제행동으로 바라볼 것이 아니라 **아이가 자아를 형성해가는 과정**임을 이해해야 해요. 모든 아이들은 만 3세 전후로 '분리-접근' 사이를 왔다 갔다 합니다. 이를 개별화 과정이라고 하는데요. 즉 엄마와 몸이 분리된 것뿐만 아니라 자아를 완전히 분리시키는 인생 최대의 목표를 갖게 되는 것이에요. 전에는 밥을 먹어도 엄마가 도움을 주었고, 화장실의 뒤처리도 엄마가 대신해줬잖아요. 하지만 점차 자신이 할 수 있는 일이 많아지고 감정이 분화되면서 엄마로부터 자신을 완전히 분리시키고자 하는 발달과업을 이뤄야 하거든요. 이 과업을 잘 이뤄야만 아이는 완벽한 한 명의 독립체로서 세상에 설 수 있게 됩니다.

이 과정에서 아이들은 참 많은 불안과 상처를 받게 됩니다. 마음은 엄마로부터 분리되고 싶지만 스스로 할 수 있는 일이 적어 한계를 느끼기도 하고, 좌절을 겪기도 하지요. 이럴 때면 아이는 다시 엄마의 품으로 돌아가려고 하는 본능적인 반응을 보입니다. 이것이 바로 불안할 때 애착인형, 애착이불, 부모의 신체 일부를 찾는 이유이지요. 따라서 이런 경우 아이가 애착대상을 찾는다고 야단을 치거나, 버리거나, 숨겨서는 안 됩니다. 아이의 불안한 마음을 진정시키고 따뜻한 부모의 품으로 아이를 안아주는 것이 최선입니다.

혹시 현재 내 아이가 애착이불, 애착인형, 부모의 신체 일부에 집착하는 모습을 보여 걱정이라면 자아를 형성하기 위한 성장 과정이니 따뜻하게 격려하고 지지해주세요. 그러나 만약 집착의 횟수와 정도가 심하고, 부모의 응원과 격려가 크게 도움이 되지 않는다면 '부모-자녀' 관계가 안정적인지 진지하게 점검해보길 바랍니다. 아이에게 '부모-자녀' 관계의 불안정은 마음의 상처와도 같습니다. 아이가 손을 다쳤으면 반창고를 붙여줘야 하듯이 마음의 상처도 치유를 해야 아문다는 점을 꼭 기억하세요.

부모도, 아이도 행복한 스킨십은 따로 있다

과한 스킨십으로 아이가 부모를 힘들게 할 경우 부모의 반응은 크게 두 가지입니다. 첫째는 아프고 귀찮아도 꾹 참는 것이고, 둘째는 아이의 스킨십을 거부하고 외면하고자 애쓰는 것이지요. 두 반응이 아이에게 어떤 영향을 미칠 수 있는지 생각해볼게요.

먼저 아프고 귀찮아도 꾹 참는 부모의 반응입니다. 보통 이 반응을 보이는 부모는 아이가 어릴 적에 충분히 애정을 주지 못했다고 생각하는 경우가 많아요. 아이의 불안정한 애착을 부모 자신의 탓이라 생각하는 것이지요. 그래서 지금이라도 아이가 원하는 대로 해주고자 부모 자신의 감정을 솔직하게 표현하지 못하고 끙끙대는 경우가 대부분이에요. 문제는 부모가 무작정 참는다고 좋은 결과가 나오는 것은 아니라는 사실입니다. 아이는 부모에게 하듯이 다른 사람에게도 과한 스킨십을 요구하고, 타인의 몸을 함부로 하거나 자기 마음대로 하려 할 수 있거든요.

'진짜 스킨십'의 의미는 서로 간의 긍정적인 감정의 교류입니다. 부모가 억지로 참고 견디면 아이 또한 진정한 스킨십의 행복을 느낄 수 없고 어느 순간 눈치를 채게 됩니다. 결국 가식적인 모습으로 자신을 대하는 부모를 아이는 신뢰할 수 없게 되고요. 무엇보다 아이는 좋은 스킨십의 방법을 배우지 못할 가능성이 높지요. 또 부모는 어느 순간 비일관적인 모습을 보일 수도 있습니다.

반대로 아이의 스킨십을 거부하고 외면하고자 애쓰는 부모의 반응을 살펴볼게요. 이 반응의 부모는 참는 부모에 비해 좀 더 다양한 유형이 있어요. 차례대로 알아보겠습니다. 먼저 **첫째, 성격적으로 스킨십을 좋아하지 않아 스킨십 자체를 부담스럽게 느끼는 유형입니다.** 이 경우 아이는 부모가 자신을 좋아하지 않는다고 오해할 수 있어요. 유아기의 아이들은 '사랑하면 예뻐해줘야 한다.' '혼을 내면 사랑하지 않는 것이다.' 등의 비합리적인 생각을 갖고 있거든요. 즉 사랑하면 안아주고 뽀뽀해주고 자신의 스킨십을 좋아해야 하는데 부모의 반응이 부정적인 느낌이 들면 아이 입장에서는 오해를 하기에 충분하지요. 따라서 부모가 만약 정말 스킨십을 좋아하지 않는 편이라면 아이가 충분히 이해할 수 있도록 양해를 구할 필요가 있어요. 예를 들어 "엄마는 누군가 엄마의 몸을 만지는 것을 별로 좋아하지 않아. 그건 그 사람을 좋아하지 않아서가 아니라 익숙하지 않아서 당황하는 거지. 그러니 우리 아들이 엄마를 안고 싶을 때는 미리 말을 해주면 좋겠어. 그럼 엄마가 당황하지 않고 널 기쁘게 안아줄 수 있을 거 같아."라고요.

둘째, 하루에 한두 번은 모르겠는데 스킨십이 너무 잦으니 '솔직히 아프고 귀찮다.'라고 생각하는 유형입니다. 이 경우 부모는 아이의 스킨십을 긍정적으로 받아들이기보다 싫지만 참고 있는 것이기 때문에 갑자기 화를 낼 가능성이 매우 높아요. 아이 입장에서는 자신의 스킨십을 부모가 진심으로 좋아하면 욕구가 충족되어 어느 순간 더 이상 요구를 하지 않을 텐데, 부모의 반응이 만족스럽지 않으니 번번이 욕구가 충족되지 않는 것이지요. 즉 아이는 부족한 욕구를 충족하려 과한 스킨십을 반복하고, 부모는 어떤 경우는 받아주다가 어떤 경우는 받아주지 않는 등 비일관적인 모습을 보여 악순환이 계속될 가능성이 높습니다. 따라서 이런 유형의 부모는 스킨십을 한두 번 하더라도 아이가 충분히 충족할 수 있게 진심 어린 마음으로 대해야 합니다. 대충 아이의 스킨십을 허락해주는 반응이 아니라 부모도 함께 아이를 만지고 비벼주고 뽀뽀해주는 거예요.

마지막 셋째, 아이가 어릴 적엔 몰랐는데 '나를 성적호기심의 대상으로 생각하는 것 같아 걱정된다.'라고 생각하는 유형입니다. 단언컨대 초등 1~2학년까지의 아이들은 발달적으로 남성과 여성에 대한 성적호기심이 그리 크지 않아요. 부모를 성적호기심의 대상으로 생각하고 과한 스킨십을 원하는 아이는 극히 적다는 거예요. 오히려 아이가 과한 스킨십을 원하는 건 주로 불안하거나, 스스로 감당하기 어려운 문제가 있거나, 애정의 욕구가 충족되지 않아서 하는 행동이라고 생각하는 것이 훨씬 합리적이지요. 따라서 이런 오해는 잠시 접어두셔도 좋습니다.

어떤 이유에서든 부모가 아이를 밀어내는 느낌은 문제해결에 전혀 도움이 되지 않습니다. 그렇다고 부모가 불편함을 참아야 하는 것도 아니지요. **아이의 마음은 알아주고 즐거운 스킨십으로 바꿔주기 위한 연습이 필요해요. 즉 아이의 불안한 마음, 애정과 관심을 받고 싶은 마음은 인정해주고 부모도, 아이도 진심으로 행복한 스킨십을 나누는 것이지요.** 예를 들어 아이가 앉아 있는 부모의 무릎을 온몸으로 눌러 아프게 한다면 "엄마가 안아주면 좋겠구나. 무릎을 누르면 엄마가 아프니까 무릎에 앉으렴." 하고 말해주는 거예요. 또 아이가 갑자기 머리로 부모의 배를 박는다면 "엄마를 만나 너무 반가웠지? 그런데 갑자기 달려들어서 엄마가 깜짝 놀랐어. 우리 같이 가슴으로 안을까?"라고 제안하는 것이지요.

만약 근본적인 원인을 해결하고 싶다면 아이의 불안감을 줄일 수 있는 적극적인 방법을 활용하는 것이 좋습니다. 즐거운 스킨십 놀이를 통해 스킨십의 욕구를 충족시켜주는 것이지요. 예를 들어 수시로 아이의 피부를 문지르고 비비고 주무르는 등 마사지를 해주는 거예요. 등에 글자를 써서 맞추는 놀이, 〈거미가 줄을 타고 올라갑니다〉 노랫말에 맞춰 아이의 몸을 스킨십하기, 간지럽히기 등도 좋은 방법입니다. 무엇보다 평소 부모가 자신의 감정에 민감하게 반응하고, 감정을 인정해준다면 아이는 '부모가 나를 잘 안다.' '부모가 나를 진심으로 사랑한다.' 하고 생각하며 정서적인 안정감을 느낄 거예요.

스킨십을 많이 받고 자란 아이는 부모의 냄새를 기억합니다. 부모의 따뜻한 체온을 기억하고, 품속의 안락함과 편안함을 기억하지요. 다정했던 손길과 표정, 부드러운 눈빛을 마음 깊이 간직하고요. 어릴 적 부모의 품은 아이가 자라서 어렵고 힘든 역경을 만났을 때 꿋꿋이 이겨나갈 수 있는 에너지가 될 거예요. 오늘도 우리 아이들을 많이 안아주길 바랄게요.

스킨십과 관련된 상황별 문제해결 노하우

· 제가 동생을 안고 있으면 큰아이가 다가와 "엄마, 나 좋아?"라고 물어요. 똑같이 좋아한다고 말해줘도 시큰둥해 보이고요. 어떻게 해야 할까요?
부모가 동생을 안아주는 모습을 보고 큰아이가 "엄마! 나 좋아해? 얼만큼 좋아해? 동생보다 좋아?" 하고 물을 때 "당연히 너도 좋아하지." 하는 대답은 큰 위로가 되지 않아요. 이미 부모가 나를 사랑하지 않는 것 같다는 생각에서 나온 말이니까요. 이 경우 무조건 아니라고 반응하기보다 "엄마가 널 사랑하지 않고 동생만 예뻐하는 것 같아 걱정이구나. 하지만 그건 오해야. 엄마는 널 정말 많이 사랑하거든. 이리 와. 엄마가 안아줄게."라고 말해 보세요. 그리고 언제 그런 느낌을 받았는지 이야기 나누며 아이의 섭섭한 마음을 위로해주세요.

· 아이가 수시로 "엄마, 안아줘."라고 부탁해서 그때마다 안아주는데 그래도 부족한가봐요. 괜찮은가요?
연인 사이를 생각해볼게요. 평소 애인의 스킨십 부족이 불만이어서 "자기, 나 사랑하는 거 맞아?"라고 묻거나 스킨십을 요구해야 받을 수 있는 상황이라면, 이것은 이미 불만이 있다는 의미잖아요. 아이가 스킨십을 요구할 때만 해주는 것은 이미 결핍이 생겼다는 증거이기 때문에 이때만 스킨십을 해준다고 해서 만족을 얻을 수는 없습니다. 아이가 요구할 때뿐만 아니라 아이가 요구하지 않을 때도 충분히 스킨십을 해줌으로써 부모의 사랑을 의심하지 않게 해주시기 바랍니다.

아이의 발달 수준과 성향을 고려해야

아이를 양육하는 과정은 매우 섬세한 관심과 배려가 필요한 일입니다. 아이는 한순간도 정체되어 있는 적이 없고 매일매일 새로운 변화를 겪으며 성장하고 있거든요. 특히 몸의 변화는 오랜 시간 천천히 이뤄지기 때문에 아이 입장에서 신체 변화는 매우 낯선 경험일 수 있어요. 따라서 부모는 아이와의 스킨십이나 성 관련 교육을 할 때 아이의 신체 변화와 감정, 정서발달의 수준을 세밀히 관찰함으로써 아이가 원하는 방식과 기대에 따라 다르게 행동하고 도움을 줄 필요가 있습니다. 아이의 발달 수준과 성향별 올바른 스킨십을 정리해볼게요.

아이의 발달 수준과 성향에 따라 올바른 스킨십은 따로 있다

유아기 스킨십은 부모와의 정서적 유대감을 경험하는 기본적인 욕구입니다. 특히 이 시기 부모와의 스킨십은 부끄럽다는 느낌보다는 사랑과 친밀감에 가깝습니다. 이런 차원에서 아이와 함께 목욕을 하거나, 같이 잠을 자면서 몸을 만지는 등의 스킨십은 매우 자연스럽고 중요한 애착요소라 할 수 있습니다. 따라서 이 시기에 부모는 아이와 따뜻하고 부드러운 스킨십을 수시로 충분히 많이 해주는 것이 좋아요.

중요한 건 스킨십과 성교육은 자연스러움이 가장 중요하다는 것입니다. 예를 들어 수영장에 가서 부모가 남매의 옷을 갈아입힐 수밖에 없는 일이 생긴다면 이건 자연스러운 상황이잖아요. 하지만 일부러 첫째 아이가 동생의 몸을 보려고 동생이 옷을 갈아입을 때 다가와 쳐다보는 것은 자제하도록 당부해야 합니다. 즉 남의 몸을 함부로 보거나 만지면 다른 사람이 부끄러움을 느낄 수 있으니 하지 말아야 한다고 가르칠 필요가 있습니다. 또 부모와 자연스럽게 스킨십을 하되, 갑작스럽게 혹은 아프게 하는 스킨십은 상대의 기분을 상하게 할 수 있으니 올바른 스킨십으로 바꿔주는 정도면 충분하고요.

초등학생 시기인 아동기는 특히 아이들의 몸의 변화가 급격히

빠른 시기입니다. 이때는 시기를 둘로 구분해 스킨십의 정도를 점차 조절하는 것이 필요합니다. 바로 초등 저학년과 사춘기에 접어드는 초등 고학년 시기입니다.

초등 저학년 시기는 성 개념 형성에서 '대립' 시기라 할 수 있어요. 자신의 성에 대한 매력을 느끼기 위해 다른 성을 경계대상으로 삼는 시기거든요. 예를 들어 여자아이라면 그동안 자연스러웠던 아빠나 오빠와의 스킨십이 조금씩 이상한 느낌이 들고, 부끄러워지거나 부담스러운 감정이 생길 수 있습니다. 독특한 점은 이성에 대해 대립하는 시기면서 동시에 매력적인 이성에게는 특별한 관심이 생길 수 있다는 거예요. 따라서 이 시기는 이성에 대해 본격적인 관심과 함께 부끄러움과 수치심을 알아가는 단계이기 때문에 가능한 다른 성 부모와의 목욕은 조금씩 줄여나가는 것이 좋아요. 가족끼리 옷을 갈아입을 때도 아들은 아빠와, 딸은 엄마와 별도의 공간을 사용하는 것이 좋고요. 또 아이와의 스킨십에 있어서 다른 성의 부모를 만질 때 불편한 곳을 분명하게 알려주고, 편안한 곳을 만질 수 있도록 지도하는 것이 필요하지요. 특히 이 시기에는 아이를 유아기 아기처럼 대해서는 안 됩니다. 부모도 아이가 부끄러울 수 있는 신체 부위를 건드리거나 갑작스럽게 스킨십을 시도해서는 안 됩니다. 아이를 매우 당황하게 할 수 있거든요.

그 외에 이 시기 아이와의 스킨십 정도를 결정할 때 고려해야 할 점은 아이의 성향과 관계의 질이에요. 예를 들어 '한 방에서 부모와 언제까지 함께 자는 것이 좋을까?' 하는 문제는 아이의 애착 관계나 심리적 불안의 정도, 기질과 발달 수준에 따라 융통성을 발휘해야 합니다. 스킨십의 정도를 갑자기 줄이거나 부모와의 분리를 갑자기 시도할 경우 아이는 더 큰 불안감을 느낄 수 있습니다. 이 불안감이 커지면 배신감, 불신감 등이 생길 수 있으니 주의가 필요합니다.

초등 고학년 시기는 아이의 몸 변화가 급격해지는 시기예요. 여자아이는 점차 가슴이 나오거나 생리를 하기도 하고, 남자아이는 팔다리 등에 털이 생기거나 고환과 음낭의 크기가 커지기 시작하지요. 이러한 몸의 변화는 '부모-자녀' 관계에도 영향을 미치게 됩니다. 이 시기의 아이는 자신의 변화가 당황스러운 나머지 다른 사람에게 보여주고 싶지 않은 것, 들키고 싶지 않은 것 등이 생기게 됩니다. 즉 비밀이 많아지지요. 따라서 부모는 아이의 신체발달뿐만 아니라 심리적 감정 변화를 세심하게 살펴 아이와의 안전거리를 조절할 필요가 있어요. 부모가 아무리 친절하고 부드럽게 스킨십을 해도 아이의 기분과 컨디션에 따라 받아들이고 싶지 않을 수 있으니까요.

초등 고학년 시기에 느끼는 신체적 변화는 성에 대한 호기심을 왕성하게 하는 데 충분한 원동력으로 작용합니다. 특히 요즘 아이들은 인터넷의 발달로 무분별한 성 관련 영상물과 정보에 쉽게 노출되어 있기 때문에 왜곡된 성 개념을 형성할 가능성이 높아요. 무엇보다 몸은 점차 성인과 비슷한 수준의 기능을 할 수 있게 되는 반면, 생각이나 사고가 명확히 정립되어 있지 않고 판단력이나 조절 능력이 미흡한 수준이기 때문에 더욱 위험할 수 있습니다. 따라서 이 시기 자녀를 키울 때는 아무리 가족끼리라도 성적인 자극을 크게 주지 않으려 조심하되 사랑을 기초로 한 성과 그렇지 않은 잘못된 성의 차이를 깨닫도록 지도할 필요가 있습니다.

성 관련 대화나 고민을 언제든 나눌 수 있는 분위기가 중요해

성교육은 한 인간의 소중한 생명과 인권에 관련된 교육입니다. 자연스러운 영역이면서 반드시 필요한 분야이지요. 가정에서 부모와의 스킨십 경험은 자연스럽게 성교육과 연결이 됩니다. 늘 만지고 뽀뽀하고 안아주다가 아이가 성장하면 그 방식과 태도를 바꿔야 하거든요. 이때 아이가 외로움이나 소외감, 애정 결핍을 경험하는 것이 아닌 존중과 배려를 느끼도록 해야 합니다. 그 과정에서 자연스럽게 성교육을 하게 되지요.

올바른 성교육을 위한 준비는 평소 부모와 아이가 성과 관련된 대화나 문제에 열린 마음과 개방적인 태도를 취하는 데서 출발합니다. 또한 성교육을 통해 한꺼번에 많은 것을 주입해서 알려주는 것이 아니라 장기간 수시로 자연스럽게 경험하도록 하는 것이 바람직해요. 평소 가정에서 아이와 성에 관련된 문제와 고민을 열린 마음, 개방된 태도로 나눌 수 있는 몇 가지 팁을 소개해드릴게요.

첫째, 뉴스와 같은 영상매체에서 나오는 성 관련 장면을 활용해보세요. 부모는 아이와 어떤 주제든, 어떤 고민이든 함께 나누고 적극적으로 대화할 수 있어야 하잖아요. 성에 대한 주제나 내용도 마찬가지입니다. 부모는 언제든 아이와 성에 대해서도 함께 이야기하고 고민을 나눌 수 있어야 합니다. 만약 부모가 아이와 TV를 시청하다 성 관련 문제가 나올 때 멋쩍은 듯 채널을 돌리거나 TV를 끈다면 아이는 어떤 기분이 들까요? 아이는 '부모와는 이런 이야기를 나누면 안 되는구나.' 혹은 '우리 부모는 이런 주제를 싫어하는구나.'라고 생각하게 될 겁니다.

만약 TV에서 '공룡 뼈 발굴'과 관련된 장면이 나온다면 부모는 아이가 공룡과 관련된 더 큰 호기심이 생기도록 적극 도울 것입니다. 이처럼 TV에서 성과 관련된 장면이 나온다면 아이와 올바른 스킨십의 중요성을 이야기하고, 잘못된 성 개념을 바로잡아줄 수 있는 좋은 기회가 될 수 있어요. 예를 들어 TV에 '디지털 성범죄'에 관한 내용이 나왔다고 가정해볼게요. 부모는 "내 몸을 다른 사람이 사진으로 찍어 보관하거나, 다른 사람에게 보여준다면 기분이 어떨까?" "다른 사람의 몸이 찍힌 사진을 보는 것은 왜 범죄가 될까?" 등 여러 질문할 수 있을 거예요.

둘째, 성과 관련된 아이의 생각을 경청하고 존중해주세요. 아이의 성적 호기심은 보통 좋아하는 연예인이나 호감 가는 이성 친구로부터 시작해요. 이때 부모가 "무슨 초등학생이 남자친구야. 네가 사랑을 알아?"라거나 "연예인 좋아해봐야 소용없어. 좋아해서 뭐 할 건데?" 라는 식으로 비아냥거린다면 큰 상처가 될 수 있어요. 자신의 감정을 인정해주지 않을 경우 아이는 마음의 문을 닫을 뿐만 아니라 부모와 말을 하지 않는 등 관계가 나빠질 수 있습니다.

부모는 조금 서툰 이성적 관심이나 당장 아이의 삶에 큰 도움이 될 것 같지 않은 맹목적인 관심도 충분히 인정해주고 존중해줄 필요가 있어요. 부모와 이성 친구, 좋아하는 연예인에 대해 자연스럽게 이야기를 나눌 때, 아이는 부모를 친밀하게 여기고 신뢰할 뿐만 아니라 자신의 감정이 존중받았다고 생각하게 됩니다. 이러한 경험이 쌓이면 아이는 스스로 좀 더 옳은 선택과 판단을 하고자 노력할 것입니다.

셋째, 내 아이나 또래 친구에게 생긴 성 관련 고민에 부모가 함께 진지하고 적극적인 태도로 참여하는 모습을 보여주세요. 현대사회는 아이들의 초경 시기가 점차 빨라지고, 인터넷의 발달로 성 관련 영상물에 자주 노출되면서 성 관련 문제가 심각한 수준입니다. 2015년 교육부, 보건복지부, 질병관리본부가 공동 실시한 청소년 건강행태 온라인 조사 결과에 따르면 연구 대상이 된 3,200명의 청소년 중 첫 성경험 시기가 초등학생 때인 경우가 16.5%, 초등학교 이전 시기인 경우가 13.1%인 것으로 나타났어요. 즉 30%에 가까운 아이들이 초등학교 졸업 전에 성폭력, 성학대, 성경험 등에 노출된 것이지요. 아마 우리나라에서 자녀를 키우는 부모들 중 성과 관련된 문제에서 자유로운 분은 아무도 없을 거예요.

시대가 바뀐 만큼 부모의 태도도 적극적으로 바뀌어야 합니다. 부모는 내 아이나 내 아이의 친구로부터 성 관련 문제나 고민이 있을 때 단지 놀라하거나, 야단을 치거나, 쉬쉬하고 모른 척하는 태도를 보여서는 안 됩니다. 내 아이에게 생긴 문제든, 아이의 친구에게 생긴 문제든 아이들은 주변에서 성 관련 문제가 생겼을 때 그 어떤 영역보다 더욱 고민을 함께 나눌 대상자를 필요로 합니다. 하지만 부모와 이런 고민을 나누기 위해서는 무한한 신뢰가 필요합니다. 야단맞거나 비난받을 거라는 두려움이 있으면 할 수 없는 일입니다. 따라서 부모는 평소 아이에게 어떤 문제와 상황이든 언제든 널 지지하고 응원한다는 생각을 뿌리 깊게 심어줄 필요가 있어요.

또 성 관련 문제를 해결할 때 아이의 잘잘못을 가리기보다, 아이의 입장과 마음을 충분히 헤아려 고민을 듣고 진지하고 적극적인 태도로 도움을 주려는 모습을 보이는 것이 중요합니다.

퀄리티타임 4

칭찬으로 자존감 짓기

하나 | 결과 중심의 칭찬은 금물입니다

둘 | 실패를 경험한 아이에겐 칭찬 대신 위로를

셋 | 자존감을 키우는 칭찬법

넷 | 칭찬으로 좋은 습관과 인성 키우기

다섯 | 칭찬스티커 활용 노하우

여섯 | 칭찬릴레이와 가족시상식

결과 중심의 칭찬은 금물입니다

많은 부모들이 양육에서 훈육을 가장 어려워합니다. 꼭 기억해야 할 부분은 훈육은 아이의 잘못한 행동을 혼내고 지적하는 것이 아니라는 사실이에요. 훈육은 아동 스스로 옳고 그름을 판단해 올바른 선택을 할 수 있도록 돕는 일입니다. 즉 올바른 훈육이란 아이의 사회적 가치 및 상황판단능력, 자율적 도덕성, 자기조절능력 등을 키울 수 있도록 돕는 과정이에요. 이런 훈육의 유형에는 크게 두 가지가 있습니다. 바로 잘한 행동엔 칭찬을, 잘못된 행동엔 벌을 주는 거예요. 그러니 훈육의 전체 맥락에서 칭찬만 제대로 잘해도 반은 성공한 겁니다.

정말 간단할 것 같은데 현실에서는 '제대로' 칭찬하기가 생각보다 쉽지 않습니다. 전문가의 이야기를 듣고 따라 해도 원하는 결과가 나오지 않는 경우도 많고요. 그것은 전문가의 말이 틀려서라기보다 훈육이 적용되는 상황과 환경의 미묘한 차이 때문이지요. 그 미묘한 차이를 얼마나 정확히 심도 있게 알고 적용하느냐에 따라 결과가 크게 달라질 수 있거든요. 즉 '어떻게 칭찬하는가?' 하는 문제가 결과의 차이를 만듭니다. 이번에는 그 미묘한 차이를 알아보기 위해 결과 중심의 칭찬과 과정 중심의 칭찬을 비교해보겠습니다.

결과 중심의 칭찬 vs. 과정 중심의 칭찬

흔히 우리는 아이에게 "잘했어." "최고야." "1등이야." "멋져." "훌륭해." 하는 칭찬을 합니다. 주로 어떤 일의 성과나 성공에 대한 결과를 칭찬할 때 많이 쓰지요. 그런데 이런 말 안에는 보이지 않는 비교와 줄 세우기가 들어 있어요. '~보다 잘했어.' 하는 뉘앙스가 담긴 비교의 언어를 자주 들은 사람은 은연중에 우월감을 갖게 됩니다. 곁에서 이 말을 함께 들은 주변 사람들은 상대적으로 무력감과 좌절, 질투 등의 부정적 감정을 갖게 되지요.

이런 칭찬의 부작용은 형제나 남매를 키울 때 자주 볼 수 있습니다. 작은아이 앞에서 부모가 큰아이를 다음과 같이 칭찬했다고 가정해봅시다. "오빠 좀 봐. 오빠는 미술도 잘하지?" "오빠는 보드게임을 잘해." "언니는 받아쓰기 100점 받았다네. 멋지지?" 이 경우 의도하지 않았어도 어느 순간 동생이 '난 오빠보다 못해.' '난 오빠보다 부족해.' '왜 엄마는 언니만 좋아할까?' 하는 생각을 갖게 됩니다. 이를 모르는 부모는 동생에게 특별히 못한다고 야단친 적도 없는데 아이가 주눅 들어 있다고 걱정을 하지요. 이건 큰아이에게 했던 칭찬의 방법이 잘못되었기 때문에 나타난 결과입니다.

반면 일의 성공과 실패에 상관없이 과정에 반응해주는 칭찬, 노력을 응원해주는 칭찬이 있습니다. 이것을 보통 '격려'라고 하지요. 예를 들어 아이가 그림을 그렸다면 부모가 "울창한 숲을 그렸구나." "멋진 동물을 그렸구나." 하며 아이가 그린 그림의 의도에 집중해서 말해주는 거예요. 아이가 블록으로 멋진 자동차를 만들었다면 "블록으로 자동차를 만드는 데 시간이 많이 필요했겠어."라며 노력에 관심을 가져주는 것이지요. 또 아이의 선행을 관찰했다가 "네가 친구에게 색연필을 빌려주는 것을 봤는데, 친구가 고맙다는 표정을 짓는 것 같았어."라고 말하는 것도 마찬가지고요.

두 칭찬의 결과는 천지차이입니다. 우선 결과 중심의 칭찬부터 살펴볼게요. "잘했어." "최고야." "1등이야." "멋져." "훌륭해." 등의 말은 평가의 주체가 부모나 타인이라는 사실에 주목해야 해요. 타인의 평가에 익숙한 환경에서 자란 아이는 내적동기와 자율성, 자신감 등을 형성하는 데 부정적 영향을 받습니다. 스스로 결정하는 것을 두려워하고 타인의 눈치를 봐요. 그러니 자신의 의견을 소신껏 주장하지 못한 채 의존적인 아이로 자라게 되지요. 또 새로운 도전을 할 것인지 하지 않을 것인지를 결정할 때 스스로의 성취감보다는 보상에 따라 결정하는 특징이 있어요. 보상이 크면 시도하고, 보상이 작으면 시도하지 않지요. 그 결과 **"이거 다하면 무슨 선물 줄 거예요?" "1등 하면 상이 뭐예요?"**라고 자주 물어요. 왜냐하면 칭찬할 사람이 있거나 혹은 만족스러운 보상이 주어질 때만 자신의 행동이나 결정에 안심하거든요.

무엇보다 결과 중심의 칭찬을 많이 듣고 자란 아이의 마음속에는 고정마인드셋이 자리 잡게 됩니다. 즉 성공은 이미 고정된 요소인 능력이나 재능으로 결정된다고 보는 것이지요. 노력의 가치를 크게 여기지 않기 때문에 '어차피 노력해도 안 될 거다.'라고 생각하거나, 자신이 능력이 부족하다고 판단될 경우 극도의 불안감을 느끼게 됩니다. 고정마인드셋이 형성된 아이는 자신이 잘하는 것만 계속하고, 못할 것 같으면 도전 자체를 피합니다. 왜냐하면 실패는 곧 자신의 무능함을 나타내는 상황이 되기 때문이지요. 무능함을 보이고 싶지 않은 마음이 은연중에 잘하는 일만 골라 하도록 행동을 이끄는 겁니다.

반대로 과정 중심의 칭찬은 의도를 알아봐주고 노력에 대해 격려해주는 것을 말합니다. 즉 결과에 대해 잘했거나 못했다고 평가

하지 않지요. 결과에 대한 보상과 기대보다 과정 자체에 대한 중요성을 강조하고요. 예를 들어 과정 중심의 칭찬에 익숙한 부모는 공부를 해야 하는 이유를 설명할 때도 "1등 해서 서울대에 가야지." "1등 해야 훌륭한 사람이 될 수 있어."라고 말하지 않아요. "공부를 한다는 건 모르는 것을 알게 되는 과정이야. 네가 성장하고 있다는 뜻이지."라고 말하지요. 이 경우 부모도, 아이도 성적이 낮거나 떨어지는 것을 지나치게 걱정하거나 불안해하지 않습니다. 왜냐하면 성적이 떨어지는 실패를 경험하는 것은 곧 어떻게 하면 성적이 떨어지는지를 알게 되는 또 다른 배움의 기회이니까요. 아이가 100번 넘어졌다고 해서 "걷는 것에 실패했다." 하고 말하지 않잖아요. 100번 넘어진 경험은 곧 성공으로 가는 과정일 뿐이지요.

아이의 마음속에 성장마인드셋을 심어주자

부모로부터 과정 중심의 칭찬을 받은 아이는 마음속에 성장마인드셋을 형성하게 됩니다. 즉 성공과 실패를 결정하는 것은 '노력'에 달려 있다고 생각하게 되지요. 이 경우 성공이냐, 실패냐는 스스로 얼마나 노력했는지 여부에 달려 있기 때문에 남 탓이나 상황 탓을 하지 않게 됩니다. 항상 자기 분석과 반성적 사고를 하지요. 또 실패를 하지 않으면 보이지 않는 것들이 있다고 믿기 때문에 실패를 두려워하지 않고요. 왜냐하면 실패는 다른 사람의 입장, 다른 사람의 일하는 방법, 관계의 소중함 등을 깨닫게 해주고 성장으로 가는 길을 안내하는 지침이라 생각하거든요. 따라서 성장마인드셋을 갖고 있는 아이는 무엇이든 다시 도전할 수 있고, 수많은 도전 속에서 언젠가 스스로 성장해 있는 자신을 발견하게 됩니다.

영국의 도덕철학자 애덤 스미스는 "분수에 지나친 칭찬을 받고 기뻐 뛰는 자는 가장 천박하고 평범한 인간이다."라고 말했습니다. 부모의 결과 중심 칭찬으로 혹여 내 아이가 스스로를 과대평가하며 노력의 가치를 잊고 지내는 것은 아닌지 생각해볼 문제입니다.

실패를 경험한 아이에겐 칭찬 대신 위로를

반복해서 강조했듯이 양육에서는 하지 말아야 할 것을 알고 하지 않으려고 노력하는 것이 더 중요합니다. 하지 말아야 할 것만 하지 않아도 아이에게 상처나 결핍은 생기지 않기 때문이지요. 앞서 우리는 결과 중심의 칭찬이 부정적인 결과를 가져올 수 있음을 이야기했어요. 이번에는 아이가 어떤 일에 실패했을 때 부모가 하지 말아야 할 반응을 살펴볼게요.

사실 실패를 경험한 아이에게 필요한 것은 위로입니다. 하지만 대부분 속상한 아이의 마음을 빨리 달래기 위해 위로가 아닌 칭찬을 하는 경우가 많아요. 예를 들어 학예회 연극의 주인공을 뽑는데 아이가 간절히 바라던 주인공에 뽑히지 못한 상황이라고 가정해봅시다. 이 경우 부모의 반응은 다섯 가지 정도입니다.

첫째, "네가 제일 잘하더라. 엄마가 보기엔 네가 최고야." 하는 반응입니다. 이 말은 진실이 아닐 가능성이 높아요. 이런 거짓된 말로 아이의 마음을 움직이기는 쉽지 않지요. 만약 '엄마는 네 편이다.' 하는 마음을 전달하고 싶다면 아이가 했던 노력을 중심으로 말하는 것이 좋습니다. 예를 들어 "네가 연극의 주인공이 되고자 얼마나 열심히 연습했는지 잘 알고 있어. 연습을 하는 내내 너의 눈이 반짝반짝 빛났거든. 결과는 아쉽게 되었지만 엄마는 너의 노력과 열정이 자랑스러워." 하고 말하는 것이지요.

둘째, "주인공으로 네가 뽑혔어야 해. 선생님이 잘 모르시네."라는 반응이에요. 이런 반응은 주로 실패로 인한 속상하고 어색한 분위기를 빨리 전환하고자 할 때 많이 나타납니다. 농담처럼 하는 말 같지만 그 안에는 남을 탓하는 의미가 들어 있어요. 이 경우 아이의 마음속에 결과를 부정하도록 만드는 원망과 분노가 생길 수 있습니다. 금방 아이의 마음을 달랠 수 있을지 몰라도 매우 위험한 반응이지요. 만약 부모 마음속에서 주인공이 아이임을 말해주고 싶다면 "엄마 마음속의 주인공은 항상 우리 딸이야."라고 한정 지어 말해보세요.

셋째, "학예회 연극이 뭐가 그렇게 중요해. 별일 아니야."라는 반응입니다. 이 반응은 아이로 하여금 실패의 현실을 외면하도록 만들어요. 또 목표를 폄하하는 말로 아이의 도전 자체를 무의미하게 만들지요. 위로도 되지 않을 뿐만 아니라 아이로 하여금 '괜히 했다.' '하지 말걸.' 등의 생각을 갖도록 해 후회와 자책감이 들 수 있어요. 어떤 새로운 일에 도전하는 것이 중요한 이유는 노력하는 과정뿐만 아니라 결과까지 받아들이는 자세를 형성할 수 있기 때문입니다. 따라서 만약 아이에게 '다음 기회도 있으니 너무 실망하지 말자.' 하는 마음을 전달하고 싶다면 있는 그대로 전달하세요. "이번 일은 아쉽게 되었구나. 노력했다고 모두 네가 원하는 대로 될 수는 없어. 결과를 받아들이는 것까지가 너의 몫이야. 어떤 부분에 아쉬움이 있었는지 찾아보자. 아쉬운 부분을 보완하면 더 좋은 기회가 생길 거야."라고요.

넷째, "너는 충분히 재능이 있으니까 다음에 좋은 결과가 있을 거야."라는 반응이 있습니다. 이것은 앞서 언급한 고정마인드셋을 형성하도록 하는 피드백이에요. 아이의 재능과 능력을 부각해서 말하고 있지요. 미래보다 눈앞에 보이는 현실을 더 믿는 아이에게 이런 반응은 오히려 자신의 재능에 대한 신뢰를 잃게 만들 수 있습니다. 이러한 피드백이 반복되면 아이가 '아니야. 난 재능이 없어. 난 못 해.'라는 생각을 하기 쉽습니다. 실패 시 재능을 부각한 반응은 불안을 야기하고 포기로 이어질 수 있으니 주의해야 해요.

마지막 다섯째, "넌 뭐든 잘할 수 있는 아이야."라는 반응입니다. 이것은 '너'라는 정체성에 대한 평가와 판단이 들어 있는 반응이지요. 실패든 성공이든 누군가 '나'라는 정체성을 평가하고 판단하는 것은 진심으로 들리지 않습니다. 왜냐하면 "뭐든지 할 수 있는 아이야."라는 말을 들어도 현실의 자신은 실패를 거듭하는 존재임을 아이 본인도 잘 알고 있기 때문이지요. 따라서 '아이의 정체성'에 대한 평가보다 '선택'에 귀인하는 것이 바람직합니다. 바꿀 수 있는 것, 즉 노력의 양이나 방법의 차이 등을 기준으로 말하는 거예요. 예를 들어 "이번 연극을 연습할 때 몇 번 정도 대본을 읽어봤니? 대사만 외웠니, 아니면 동작도 함께 연습했니?"라고 묻는 것이지요. 이 말은 아이로 하여금 노력의 양이나 방법을 달리할 경우 다른 결과가 나올 수 있음을 짐작하게 하므로, 새로운 선택에 따른 희망을 갖게 할 수 있습니다.

우리는 보통 원하는 것을 이루지 못했을 때 "실패했다."라고 말하지요. 미성숙한 아이는 대체로 성장 과정에서 성공의 경험보다 실패의 경험을 더 많이 하게 됩니다. 즉 실패의 경험을 통해 아이는 더 많은 성장을 하게 된다는 거예요. 따라서 부모는 아이가 실패의 경험을 잘 다룰 수 있도록 돕는 것이 중요해요. 뻔한 위로나 어설픈 칭찬으로는 아이의 성장을 돕기 어렵습니다. 진심을 담은 공감과 구체적인 위로만이 아이의 마음까지 닿을 수 있지요. 내 아이가 실패를 기회로 다시 서느냐, 실패를 단지 좌절과 상처로 기억하느냐는 부모의 반응에 따라 달라집니다.

아이가 실패를 경험했다면 마음의 거울이 되어주자

2020년, 전 세계를 강타한 신종 바이러스 코로나19는 수많은 자영업자의 생계를 한순간에 무너뜨렸고 근로자들의 소중한 일자리를 빼앗았습니다. 만약 누군가 사업에 실패해서 엄청난 빚을 지고 무기력해져 있는 상태인데 이렇게 말한다면 어떨까요?

"좀 더 힘내보자."
"힘내. 넌 할 수 있어."
"지금 이러고 있을 때야? 정신 못 차리네."
"너만 힘든 줄 알아? 남들도 다 힘들어."
"아무도 널 도와주지 않아. 그래봐야 네 손해야."

무기력해서 아무것도 할 수 없는 사람에게 이런 말은 힘이 되기보다 오히려 스스로를 더욱 초라하게 만들 뿐입니다. 이때 할 수 있는 최고의 위로와 격려는 단 하나예요. 아무것도 할 수 없는 무너진 마음을 인정해주는 것입니다.

"지금 무기력한 것은 당연해요. 충분히 그럴 수 있어요."
"살아 있어주니 감사하네요."

"감정이 있는 사람이니 몸이 마음대로 움직여지지 않는 것은 당연해요. 이상하지 않아요. 괜찮습니다."

마음이 무너진 상태에서 아무런 행동을 할 수 없는 건 당연합니다. 마음대로 움직여지지 않는 사람에게 응원이랍시고 변화와 기대의 말을 한다면 단지 잔소리와 비수의 말로 들릴 뿐이에요. 실패의 경험 앞에 선 아이들을 위한 응원과 격려도 마찬가지입니다. 낙심한 아이에게 다음과 같이 말해서는 안 됩니다.

"최선을 다한 거 맞아? 엄마가 보기엔 최선을 다하지 않았어."
"엄마가 알아도 한 번 더 확인하라고 했지? 어제 마지막으로 받아쓰기 연습을 더 했으면 100점 맞을 수 있었을 거 아니야."
"엄마가 너한테 안 좋은 말 하겠니? 다 너 잘되라고 하는 말이야."
"네가 내 자식 아니면 이런 말도 안 해."
"엄마 말 들어서 나쁠 거 하나 없어."
"열심히 하면 충분히 할 수 있는데 열심히 안 하니까 그렇지."

앞으로 직진하라고 부추기는 이런 말들이 오히려 우리 아이의 마음을 지치게 할 수 있어요. 예를 들어 문제 10개 중 1개를 틀려 90점을 받은 아이에게 **"1개만 더 맞았으면 100점인데 너무 아깝다."**라는 말은 아이에게 부정적 정서를 갖게 할 수 있어요. 왜냐하면 부모가 아이의 노력이 담긴 '90점'을 기준으로 두고 말하는 것이 아닌, 실패의 '10점'을 두고 말했으니까요. 긍정과 부정 중 부정을 기준으로 두고 말하는 것은 아이로 하여금 자신의 노력이 무시당했다는 부정적 정서를 만들기에 충분합니다. 이런 반응은 칭찬도, 응원도 아니지요. 단지 100점이라는 목표에 대한 부모의 아쉬운 마음일 뿐이에요. 부모의 마음은 부모가 스스로 감당해야 할 몫이잖아요. 아이에게까지 표현할 필요는 없습니다.

만약 실패를 경험한 아이에게 무언가 성장에 도움이 될 만한 말을 해주고 싶다면, 아이의 마음을 비춰주는 거울 역할이 되어주세요. 예를 들어 그림을 멋지게 그리고 싶은데 원하는 대로 그려지지 않아 짜증이 난 아이가 있다고 가정해봅시다. 이 경우 **"다시 그리면 되지. 왜 짜증이야?"**라고 말하기보다 **"상어를 멋지게 그리고 싶은데 원하는 대로 그려지지 않아 화가 났구나."**라고 말해주는 거예요.

시험 공부를 하지 않아 시험을 망친 아이라면 이렇게 말할 수 있어요. "시험을 망쳐서 기분이 상했구나. 너도 이 정도로 낮은 점수가 나올 줄은 몰랐던 거겠지. 공부를 안 해도 어느 정도 점수가 나올 거라 기대했을 거고. 공부가 하기 싫었던 거지 성적이 나쁘길 바랐던 건 아닐 테니까. 네가 기대한만큼 노력을 했는지 생각해보길 바란다." 부모가 비난이나 잔소리가 아닌 아이 마음의 거울이 될 때, 아이는 스스로 자신을 되돌아보고 다음을 위한 계획과 전략을 주도적으로 실천할 것입니다.

자존감을 키우는 칭찬법

부모가 아이를 칭찬하는 궁극적인 목적은 아이의 올바른 성장을 돕기 위함입니다. 긍정의 에너지를 전달해서 아이에게 스스로 하고 싶은 의욕이 생기게 하려는 것이지요. 아이가 좋은 행동을 스스로 하고자 하는 의욕만 있다면 '부모-자녀' 관계는 매우 평화로울 겁니다. 좋은 행동을 주도적으로 반복한다는 것은 올바른 습관이 형성되었다는 증거잖아요. 올바른 습관 형성은 모든 부모의 바람이기에, 아이의 마음을 움직이는 칭찬의 기술은 부모라면 꼭 알고 싶은 주제임이 틀림없습니다.

과정 중심의 칭찬,
세 가지만 기억하자

아이의 자기주도적 성장을 돕는 과정 중심의 격려를 위해서는 세 가지만 기억하세요. 아침 등원 전, 하원 후, 저녁시간 등 하루에 3분씩, 3번만 실천해보시기 바랍니다.

첫째, 아이가 한 말이나 행동을 세밀하게 관찰했다가 구체적으로 말해주세요. 예를 들어 아침에 학교나 유치원에 데려다줬다면 아이가 하원할 때 이렇게 격려할 수 있어요. "우리 아들! 신발을 신발장에 예쁘게 넣고 들어가더라. 선생님께 웃으며 바르게 인사하던 걸." 또 수업을 마치고 교실에서 늦게 나왔다면 "우리 딸! 글씨 쓰는 것이 느려도 끝까지 쓰려고 노력하던 걸."이라고 말해주는 것이지요. 부모의 구체적인 격려는 아이에게 부모의 관심과 애정을 듬뿍 받는다는 느낌을 들게 하거든요. 부모가 언제 어디서든 자신을 지켜보고 있다는 믿음은 심리적인 안정감을 형성하는 데 가장 좋은 방법이에요.

둘째, 아이의 의도와 노력에 대해 관심을 가지고 말하거나 질문해주세요. 예를 들어 아이가 하원해서 집에 돌아와 블록놀이를 하고 있다면 다가가 이렇게 격려할 수 있어요. "로봇을 만들었구나. 양쪽 어깨가 큰 걸 보니 힘이 아주 세겠어. 블록으로 로봇을 만들 때 어떤 부분이 가장 힘들었어?"라고요. 만약 그림을 그리고 있는 아이라면 "깊은 바닷속을 그렸네. 고래가 오징어를 잡아먹는 것 같아. 엄마가 생각한 것이 맞니? 어떻게 이런 생각을 하게 되었어?"라고 의도를 묻는 것도 좋지요.

셋째, 아이의 감정과 정서를 있는 그대로 수용하고 인정해주세요. 예를 들어 시험에서 100점을 받은 아이에게 "받아쓰기를 100점 받았네. 대단해."라고 칭찬하기보다 "100점을 받아서 우리 딸 기분이 정말 좋아 보인다."라고 아이의 감정에 관심을 두고 격려하는 거예요. 부모가 아이의 감정과 정서를 구체적으로 말해주는 것은 아이가 자기 감정을 인식하는 데 큰 도움이 됩니다. 더불어 감정을 수용받은 느낌이 들어 정서발달에도 매우 좋습니다. 또 말하지 않아도 자신의 마음을 속속들이 알고 있는 부모에게 아이는 친근감과 애착을 형성하게 되고요.

아이들은 무한한 천재성을 갖고 태어납니다. 인간은 누구나 스스로 자신의 잠재능력을 발휘하고 싶은 성장욕구가 있어요. 어른이 "넌 맨날 로봇만 만들어? 블록이 지겹지도 않아?"라고 비난하지 않는다면요 "맨날 게임만 해서 뭐가 될래?"라는 비아냥은 은연중에 아이에게 불가능을 학습시키는 부정적 결과를 낳을 수 있어요. 어릴 때부터 긍정적이고 구체적인 좋은 피드백을 받은 아이가 분명한 목표를 향해 무한한 천재성을 계발한다는 것을 꼭 기억하시기 바랍니다.

아이의 자존감을 높이는 여섯 가지 칭찬 노하우

칭찬의 힘은 긍정의 에너지를 키우고, 내적동기를 유발하고, 좋은 습관을 형성할 뿐만 아니라 아이의 자존감을 높이는 데 매우 탁월합니다. 아이의 '자존감' 향상은 모든 부모들의 선망이지요. 과정과 노력 중심의 칭찬이 아이의 자존감을 높이는 결과까지 낳길 기대한다면 아래 여섯 가지 방법을 활용해보기 바랍니다.

첫째, 주어를 아이 중심으로 바꿔 칭찬해보세요. 예를 들어 "방이 깨끗해졌네."라고 칭찬하기보다 "우리 딸이 방을 깨끗이 정리해주었구나."라고 말하는 거예요. "글씨가 예쁘네."라고 말하기보다 "우리 아들이 글씨를 또박또박 예쁘게 썼네."라고 말하는 것이지요. 주어를 아이 중심으로 두면 자신의 가치를 인정해준다는 느낌이 들기 때문에 자존감이 올라갑니다.

둘째, '~해서 감사하다.' 하는 감사의 표현을 넣어보세요. 예를 들어 스스로 온라인 수업을 잘 듣는 아이에게 "혼자서도 온라인 수업을 잘 듣는구나."라고 칭찬하기보다 "네가 혼자 온라인 수업을 잘 들은 덕분에 엄마가 밀린 일을 할 수 있었어. 고마워."라고 말하는 것이지요. 동생을 잘 데리고 노는 형에게 "동생과 사이좋게 놀아줘서 너무 고마워. 네가 없었으면 엄마가 많이 힘들었을 거야. 네 덕분에 엄마의 수고가 많이 줄었어."라고 고백할 수 있고요. '~해서 감사하다.'라는 표현은 아이의 자부심과 성취감을 고취시키기에 충분하거든요.

셋째, 아이가 의도하지 않은 좋은 행동을 짚어 칭찬해주세요. 아이들의 올바른 행동에는 칭찬을 기대하고 한 행동도 있고, 칭찬받을 줄 몰랐던 행동도 있습니다. 예를 들어 시험에서 100점을 받았다면 칭찬을 기대할 만한 좋은 행동이지요. 하지만 놀이 도중 동생에게 장난감을 양보한 것은 칭찬받을 것을 기대하고 한 행동이라기보다 의도치 않게 한 행동인 경우가 많아요. 이렇게 아이가 의도하지 않은 좋은 행동을 잘 관찰했다가 칭찬해주는 것이 좋습니다. 기대하지 않은 칭찬을 받게 되면 아이의 기쁨은 배가 될 것입니다.

넷째, 아이의 변화에 주목해서 구체적으로 칭찬해주세요. 변화하고 성장하는 모습에 초점을 둔 칭찬은 아이 스스로 자기만족감과 자기효능감을 경험하게 하는 효과가 있습니다. 예를 들어 "3살 때는 김치를 먹기 힘들어하더니 4살이 되니 김치도 잘 먹는구나." "어제는 자고 일어나서 엄마가 없으면 울더니 오늘은 울지 않고 잘 일어났네. 점점 멋진 형이 되어가고 있구나."라고 말하는 것입니다.

다섯째, 아이와 관련된 주변 관계를 함께 칭찬해주세요. 가수 박진영의 〈어머님이 누구니〉의 가사 중에는 '어머님이 누구니, 도대체 어떻게 너를 이렇게 키우셨니?'라는 부분이 있습니다. 이는 직접적으로 상대를 칭찬한 것은 아니지만 상대와 관련된 부모를 칭찬함으로써 상대의 기분을 좋게 하는 칭찬법이지요. 이처럼 아이와 관련된 주변 관계를 함께 칭찬할 경우 그 무리에 속한 아이도 기쁨을 느끼게 됩니다. 따라서 아이가 좋아하는 친구들의 모임, 아이가 속한 동아리 등을 함께 칭찬해보세요. 예를 들어 "너희 농구팀의 아이들은 참 착한 것 같아. 예의도 바르고 말도 예쁘게 하더라." "너와 보드 타는 아이들을 보면 엄마도 생활에 활력이 생기는 것 같아. 넘어져도 다시 일어나 연습하는 열정이 너무 멋있어."라고 말해주는 것이지요.

여섯째, 존재 자체의 가치를 칭찬해주세요. 예를 들어 "네가 엄마의 아들로 태어난 것이 엄마에게 가장 큰 행운이야." "네가 있어 우리 가족이 행복할 수 있어." "너의 웃음이 엄마의 하루 피로를 모두 녹이는 것 같아."라고 말해주는 것이지요. 네 덕분에 행복하다는 표현은 아이의 존재 자체를 소중히 생각하는 표현이기 때문에 자존감에 큰 도움이 됩니다. 또 포근한 부모의 품으로 꼭 안아주며 달콤하게 전하는 사랑 고백은 아이의 행복호르몬을 올리고, 세상을 긍정적으로 바라보게 하는 데 큰 힘이 되고요. 물론 이때 가장 중요한 것은 진실된 마음입니다. 아이들은 부모의 숨소리로, 흔들리는 눈동자로, 느껴지는 촉감으로 부모의 말이 진심인지 아닌지 정확하게 파악할 수 있거든요.

칭찬으로 좋은 습관과 인성 키우기

간혹 부모들 중에 "우리 애는 칭찬을 해줘도 싫어해요."라고 고민하는 분들이 있습니다. 칭찬을 해줘도 반응이 없고, 어떨 때는 화를 내기도 해서 부모가 무안한 적이 있다고 말하지요. 이는 상대를 고려하지 않았기 때문이에요. 칭찬도 인간관계 속에서 이뤄지는 상호작용이잖아요. 쌍방의 원활한 소통이 이루어졌을 때 제대로 된 효과를 기대할 수 있지요.

예를 들어볼게요. 일반적으로 사람들은 키가 큰 사람을 부러워합니다. 그래서 키가 큰 사람을 보면 "키가 매우 크시네요."라고 말하지요. 대체로 이 말은 칭찬일 가능성이 높고 긍정적인 반응이 나오기 쉬워요. 하지만 큰 키 때문에 스스로 콤플렉스를 갖고 있거나, 아담한 키를 부러워하는 사람의 경우 같은 말이라도 다르게 받아들일 수 있어요. 받는 사람이 어떤 판단 기준과 기대를 갖고 듣느냐에 따라 칭찬이 칭찬이 아닐 수 있습니다. 이는 아이에게 하는 칭찬도 마찬가지예요. 칭찬은 아이의 연령과 발달 수준, 정서 상태를 고려해야 해요.

연령, 발달 수준, 정서 상태에 따라 달라지는 칭찬의 포인트

예를 들어 18개월 이하의 영아의 경우 "인내심을 갖고 끝까지 퍼즐을 맞췄구나."라는 칭찬은 이해하지 못할 가능성이 높습니다. 또 만약 아이가 자신이 그린 그림이 마음에 들지 않는 상황에서 부모가 "공룡을 너무 멋지게 그렸네."라고 말할 경우 "아닌데, 이거 망친 건데." 혹은 "우리 반에 민수가 공룡을 더 잘 그리는데."라고 반응할 수 있어요. 따라서 부모는 내 아이의 연령과 발달 수준, 정서 상태에 따라 효과적인 칭찬을 선택할 필요가 있습니다.

연령과 발달 수준, 정서 상태에 따라 칭찬이 어떻게 달라져야 하는지 구체적으로 소개해드릴게요. 18개월 이전 영아의 경우 칭찬의 내용보다는 부모의 표정과 목소리 톤이 중요해요. 아이는 "휴지통에 쓰레기를 넣어 방이 깨끗해졌네."라는 인과 관계를 표현한 칭찬이나 "사이좋게 잘 놀고 있구나." 하는 칭찬의 의미를 정확히 모를 수 있거든요. 단지 부모의 웃는 표정과 다정한 목소리 톤이 좋을 뿐이지요. 따라서 이 시기 영아에게는 칭찬의 이유를 길게 설명하기보다 미소 띤 표정과 부드러운 목소리, 박수와 포옹 등 긍정적인 비언어 표현을 많이 사용해주는 것이 좋습니다.

18개월 이전 시기의 영아는 타인의 평가보다 스스로의 즐거움이 더 중요해요. 예를 들어 24개월이 넘으면 밀가루를 쏟거나 실수로 달걀을 깨뜨렸을 때 부모의 반응을 살피지요. 즉 부모의 평가에 의존해 잘잘못을 판단하고 행동을 결정하는 경향이 있습니다. 그러나 18개월 이전 영아의 경우 부모의 평가나 반응에 상관없이 밀가루를 쏟아도 아랑곳하지 않고 더 크게 팔을 흔들며 즐거워하는 것을 볼 수 있어요. 때로는 입에 넣기도 하고, 다른 봉지에 든 가루를 더 쏟기도 합니다. 즉 타인의 평가보다 자신의 즐거움이 더 중요한 시기이지요. 따라서 이 시기 영아에게는 칭찬이나 혹은 야단으로 아이의 행동을 강화하거나 중재하려 지나치게 애쓰지 않는 것이 현명해요. 단지 위험한 행동을 할 때 아이를 해당 장소에서 옮기거나, 환경을 바꿔주는 것으로 제지해야 합니다. 아이가 즐거워하는 안전한 행동은 부모도 함께 웃으며 즐겨주는 것이 바람직하고요.

24개월 이후의 아이는 자율성의 발달과 함께 본격적인 훈육이 가능한 시기예요. 언어 표현은 한정되어 있지만 수용언어의 수준은 높은 편이기에 일상에서 사용하는 부모의 말을 대부분 알아 듣지요. 또 부모의 평가와 반응에 따라 해야 할 행동과 하지 말아야 할 행동을 구분하는 경향이 있어요. 따라서 이 시기 아이에게는 부모가 어떤 부분을 긍정적으로 생각하는지 구체적으로 칭찬해주는 것이 좋아요. "양말을 잘 신었네."라고 말하기보다 **"양말의 발꿈치 모양이 발꿈치에 쏙 들어갔구나."**라고 말해주는 것이지요. 특히 자아가 단단해지는 시기이기 때문에 무엇이든 혼자 해보려는 시도를 많이 해요. 따라서 부모는 아이의 자율적 노력과 의도를 부각해서 칭찬해주는 것이 현명합니다. 예를 들어 **"엄마가 도와주지 않아도 퍼즐을 끝까지 맞췄구나." "혼자서도 수저로 밥을 잘 떠먹는구나." "반찬을 흘리지 않고 먹으려고 노력하는구나."** 등의 칭찬이 있지요.

36개월 이후 아이들은 이제 어느 정도 사회에서 통용되는 평균적인 반응을 잘 알고 있습니다. 즉 부모나 교사가 어떤 행동을 좋아하고 싫어하는지, 언제 자신이 칭찬을 받을 수 있는지를 알고 기대하지요. 하지만 이때 주의해야 할 것이 있어요. 이 시기 아이는 이전에 비해 감정이 세밀하게 분화되어 있기 때문에 자신의 감정 상태에 따라 칭찬을 다르게 받아들일 수 있거든요. 예를 들어 유치원에서 돌아와 지친 상태의 첫째 아이가 엄마에게 안겨 있는 동생을 보고 질투가 난 상황이라고 가정해볼게요. 자신도 안아주기를 바라고 있는 첫째 아이에게 부모가 "역시 형아니까 혼자서도 잘 걷는구나."라고 말한다면 첫째 아이는 이렇게 말할 거예요. "아니야, 나 형아 아니야."라고요. 즉 아이의 정서 상태를 고려하지 않은 일방적인 칭찬은 긍정적으로 들리지 않을 수 있습니다.

칭찬은 적재적소에 필요한 만큼만

칭찬은 누구에게 어떻게 사용하느냐도 중요하지만 언제 얼마만큼 사용하느냐에 따라 그 효과가 배가 될 수 있습니다. 만약 칭찬을 너무 난발할 경우 효과가 떨어질 수 있고 타인의 평가에 의존하는 아이로 자랄 수 있어요. 또 칭찬을 기대했던 아이에게 자칫 칭찬에 인색할 경우 아이는 부모로부터 무관심과 야박함, 서운함을 느낄 수 있지요. 따라서 부모가 언제 아이를 칭찬할 것인지, 얼마만큼 칭찬할 것인지를 고려해 칭찬의 타이밍과 양의 기준을 잡는 것이 중요합니다.

칭찬은 기본적으로 좋은 행동을 계속하도록 돕는 강화의 일종이에요. 즉 아이가 그 행동을 계속하길 바라는 목적에서 사용하는 것이지요. 부모는 아이를 잘 관찰했다가 새로 나타난 긍정적인 행동이 처음 발생한 시기에 적절히 칭찬해야 합니다. 예를 들어 정리의 중요성을 알려준 부모가 아이에게 정리하는 모습을 모델링해서 보여줬다고 가정해봅시다. 만약 부모의 정리하는 모습을 보고 아이가 부모를 따라 정리했다면 이때가 바로 적절한 칭찬 타이밍입니다. **"사용한 놀잇감을 제자리에 잘 정리했구나." "방을 깨끗이 정리해줘서 너무 고마워."**라고 칭찬해줘야 하지요. 이런 정리에 대한 칭찬은 아이가 스스로 정리하는 행동이 습관이 될 때까지 반복하는 것이 바람직해요. 이왕이면 아이가 좋아할 만한 다양한 칭찬법을 사용하면 더없이 좋겠지요.

구체적으로 정리하기가 습관이 되지 않은 초기에는 아이가 좋아하는 간식을 제공할 수 있어요. 이후 간식과 함께 뽀뽀해주기, 안아주기 등의 심리적 강화물을 같이 제공하고요. 좀 더 정리하기가 익숙해지면 아이의 흥미를 끌 만한 하이파이브 하기, 정리 후 바깥놀이 나가기 등으로 변화를 주는 것도 좋지요. 어느 정도 정리하기가 습관화된 이후에는 정리와 관련된 칭찬은 점점 줄여나가고 새로운 긍정적인 행동으로 칭찬을 전이하는 것이 좋습니다.

칭찬은 필요한 시기에 적절한 방법으로 적당한 만큼 잘 사용하는 것이 중요합니다. 올바른 칭찬은 좋은 행동과 좋은 습관을 형성하는 데 매우 도움이 됩니다. 따라서 부모는 아이의 좋은 습관 형성과 바른 인성을 위해 칭찬을 언제 어떻게 얼마만큼 사용할지 관심을 갖고 연습할 필요가 있어요. 부모의 올바른 칭찬으로 아이의 좋은 습관과 인성을 키워주기 바랍니다.

칭찬스티커
활용 노하우

커피를 좋아하시나요? 많은 부모들이 하루의 일과를 커피와 함께 시작할 겁니다. 아빠는 직장에서, 엄마는 직장이나 집에서 아이를 정신없이 등원시킨 후 커피 한 잔으로 심신을 가다듬곤 하지요. 이처럼 몸과 마음이 피곤하고 힘들 때 커피로 위로받곤 합니다. 만약 우리 집에 커피머신이 없다면 주로 어디에서 커피를 사 드시겠어요? 비슷한 향과 맛에 같은 값이라면 대부분 쿠폰을 주는 곳으로 가서 커피를 사 드실 겁니다. 똑같은 돈을 주고 사 먹더라도 쿠폰이 있으면 기쁨이 배가 되지요.

칭찬스티커를 잘 사용하면 아이와 부모 모두에게 이로워

칭찬의 기쁨을 플러스로 느낄 수 있는 칭찬법이 있습니다. 바로 칭찬스티커입니다. 심리학에서는 이것을 '토큰 강화'라고 해요. 보통 태권도장에서 모은 칭찬스티커는 한 달에 한 번씩 열리는 마켓데이에서 원하는 장난감을 구입하는 데 사용합니다. 유치원이나 학교에서 일정 양의 독서스티커를 모을 경우 상장이나 선물을 받을 수 있고요. 이런 칭찬스티커는 아이 입장에서 스티커를 받을 때 느끼는 칭찬의 기쁨과 더불어 나중에 생기는 보너스가 더욱 매력적이에요. 좀 더 분발해서 스티커를 목표한 만큼 다 모을 경우 더 큰 선물이나 보상을 받을 수 있거든요. 게다가 부모 입장에서는 바로 선물을 사주지 않아도 되는 이점이 있고, 동시에 아이의 인내심과 끈기, 좋은 행동을 반복하는 습관 등을 키울 수 있다는 장점이 있습니다. 따라서 칭찬스티커는 아이와 부모 모두에게 좋은 효과 만점의 칭찬법이 될 수 있습니다.

물론 칭찬스티커가 100% 장점만 갖고 있는 것은 아니에요. 단점을 정확히 알아야 부작용을 피해갈 수 있기에 단점부터 이해할 필요가 있습니다. 칭찬스티커를 사용할 때는 다음의 여섯 가지를 주의해야 해요.

첫째, 목표가 분명하지 않을 경우 부모의 힘 과시용이 될 수 있어요. 예를 들어 '착한 행동을 했을 때' '부모 말을 잘 들을 때'와 같이 애매모호한 목표를 설정하면 부모의 기분과 판단에 따라 칭찬스티커를 줄 수도 있고, 안 줄 수도 있지요. 이렇게 부모 마음대로 스티커를 주기도 하고, 안 주기도 할 경우 아이는 억울함을 느끼게 됩니다. 자칫 '부모는 자기 마음대로만 하는 사람이다.' 하는 인식을 갖게 되지요. 즉 잘못 사용할 경우 오히려 '부모-자녀' 관계가 나빠질 위험이 있어요.

둘째, 목표가 여러 개일 경우 칭찬스티커를 남발하게 되고 아이가 선물에만 관심을 가질 수 있습니다. 예를 들어 '혼자 밥 먹을 때' '스스로 손을 씻을 때' '인사를 할 때' 등 아이가 고쳤으면 하고 바라는 다양한 행동을 한꺼번에 목표로 설정하면 어떻게 될까요? 여러 행동을 목표로 칭찬스티커 10개를 모으면 장난감을 사주기로 했다고 가정해볼게요. 여기서 혼자 밥 먹기는 하루에 2번 이상, 스스로 손 씻기와 인사하기는 하루에도 수시로 나타날 수 있는 행동이잖아요. 이 행동을 할 때마다 칭찬스티커를 줘야 하니 하루에 10개를 모으는 것은 그리 어렵지 않은 일이 됩니다. 따라서 부모는 매일 선물을 사줘야 하는 상황이 생기지요. 문제는 아이가 좋은 행동이 습관화될 때까지 반복된 연습이 필요한데, 목표를 빨리 달성해 선물을 받고 나면 그 행동은 할 필요가 없게 된다는 것입니다. 즉 아이는 좋은 행동을 반복하는 습관보다 선물에만 관심을 갖게 될 가능성이 높습니다.

셋째, 칭찬스티커는 행동의 질보다 횟수가 중요한 칭찬법이에요. 모으는 칭찬스티커의 개수가 중요한 만큼 아이는 좋은 행동의 질보다 횟수에만 관심을 가질 수 있지요. 예를 들어 10권의 책을 읽으면 상을 주기로 약속했다면 쉬운 책, 짧은 책만 골라 읽을 가능성이 높아요. '스스로 손 씻기'를 목표로 설정했다면 대충 물만 묻히고 나올 가능성도 있고요. 즉 아이가 스스로 목표한 행동이 왜 중요한지를 알지 못하거나 합의된 규칙이 아니라면 부모와 아이 사이의 갈등이 생길 수 있습니다. 제대로 해야 한다는 부모와 제대로 했다고 생각하는 아이 사이의 갈등, 즉 질의 판단 차이로 인해 문제가 생길 수 있으니 주의가 필요합니다.

넷째, 지나치게 어려운 목표이거나 칭찬스티커를 모으는 개수가 아이의 발달 수준 이상의 인내심을 발휘해야 할 경우 아이는 쉽게 포기할 수 있어요. 예를 들어 '하루 동안 게임하지 않기' '시험에서 100점 받기' 등 어려운 목표를 설정할 경우 아이 입장에서는 칭찬스티커를 모을 수 있는 가능성이 매우 낮거나 어렵잖아요. 또 '혼자 숙제하기'를 목표로 칭찬스티커 30장을 모아야 한다면 선물을 한 달 안에 받을 가능성이 거의 없고요. 이 경우 아이가 견딜 수 있는 인내심의 한계를 넘었기 때문에 아이는 포기를 선택할 가능성이 높아집니다.

다섯째, 처음부터 지나치게 큰 선물로 아이의 동기를 유발할 경우 점점 더 큰 선물을 요구할 수 있으니 주의가 필요합니다. 예를 들어 아이에게 분명한 동기를 주기 위해 '핸드폰 사주기' '게임기 사주기'와 같은 과한 선물을 약속했다면 위험할 수 있어요. 반복될수록 아이에게 더 큰 선물을 약속하지 않으면 좋은 행동에 대한 동기가 생기지 않을 테니까요.

여섯째, 부모가 아이의 좋은 행동 형성을 위한 방법으로 칭찬스티커에만 의존할 경우 아이는 칭찬스티커를 주지 않으면 좋은 행동을 하지 않을 가능성이 높습니다. 간혹 칭찬스티커를 지나치게 자주 사용하는 부모들이 있는데요. 매번 칭찬스티커로 아이의 행동을 통제하려 할 경우 아이는 타인의 평가나 보상에 의존하는 아이로 자랄 수 있습니다. 올바른 행동과 좋은 습관 형성은 아이의 바른 인성과 자율적 선택에 의해 자발적으로 이뤄졌을 때 진짜 효과를 발휘할 수 있지요. 우리 아이가 칭찬스티커나 타인의 평가에 의해 눈치 보는 아이로 자라지 않도록 부모가 다양한 칭찬의 기술을 활용할 필요가 있습니다.

효과적인 칭찬스티커 활용법 다섯 가지

칭찬스티커는 아직 자율적 도덕성이 덜 형성되어 있고, 조절능력이 부족한 유아기나 초등 저학년 아이에게 사용하기 적합해요.

일정 연령이나 시기까지 활용하되 아이의 좋은 행동이 습관화될 수 있도록 돕는 것이 목적이지요. 목적이 잘 달성될 수 있도록 효과적으로 칭찬스티커를 활용하기 위해서는 다음의 다섯 가지를 기억해야 합니다. 구체적으로 살펴볼게요.

첫째, 아이가 주체가 되도록 도와주세요. 칭찬스티커를 활용할 바람직한 행동 정하기, 약속한 행동을 했을 때 받았으면 하는 선물 고르기, 칭찬스티커 판 만들기, 사용할 칭찬스티커 종류 선정하기, 칭찬스티커를 받을 수 있을지 없을지 스스로 판단하기 등 최대한 아이가 주체적으로 참여하게 하는 겁니다.

예를 들어 초등학교 입학을 앞둔 2월경이라면 아이에게 이렇게 질문할 수 있습니다. "이제 곧 우리 아들이 초등학생이 되겠네. 너도 초등학생이 되었으니 하나씩 혼자 할 수 있는 것이 생겨야 할 것 같아. 어떤 것을 혼자 해볼 수 있겠니?"라고 물어봅시다. 혹시 아이가 스스로 말하지 못한다면 부모가 몇 가지 예를 제안해도 좋아요. "혼자 가방 챙기기, 혼자 세수와 양치하기, 혼자 학교 가기, 혼자 잠자기 중 어떤 것을 할 수 있을까?"라고 묻는 거예요. 아이가 '혼자 가방 챙기기'를 선택했다면 다음은 칭찬스티커를 5~10장 모을 경우 어떤 보상을 받을 것인지도 함께 정해야 해요. 이때 칭찬스티커를 모으는 개수는 목표한 행동이 얼마나 자주 나타날 가능성이 있느냐와 같은 빈도, 그리고 아이의 성공 가능성 등을 함께 고려해 선정하는 것이 바람직해요. 그 밖에 칭찬스티커 판을 예쁘게 꾸미기

나, 받을 수 있는 선물을 칭찬스티커 판에 붙여놓기 등 아이가 주체적으로 참여한다면 훨씬 능동적으로 습관을 형성하게 될 거예요.

둘째, 구체적이고 명확한 목표를 한 가지씩 세우세요. 대부분의 부모는 마음이 급해요. 아이가 어느 정도 연령이 되면 좋은 행동을 한꺼번에 할 수 있을 거라 기대하고 그렇게 행동하기를 바라지요. 그래서 아이가 초등학생이 되면 혼자 가방 챙기기, 혼자 세수와 양치하기, 혼자 학교 가기, 혼자 잠자기 등을 동시에 하기를 요구합니다. 하지만 여러 가지 목표를 한꺼번에 설정할 경우 한 가지도 제대로 해내기가 어려울 수 있어요. 이 경우 오히려 아이는 '초등학생이 되니 할 것이 많구나. 다시 동생이 되고 싶다.'라고 생각할 수 있습니다. 부모의 기대가 부담이 된 아이는 퇴행하는 행동을 보이기도 하고요. 따라서 목표는 한 가지씩 세우고 차근차근 이뤄나가는 것이 바람직합니다.

셋째, 쉬운 것부터 시작하세요. 많은 부모들이 착각하는 것이 있습니다. 아이가 만 4세 이상 초등학생 정도가 되면 말을 거의 어른만큼 잘 하거든요. 언어발달이 어른 수준이니 정서와 자조행동발달도 어른 수준이라고 오해하지요. 그래서 자주 하는 말이 있습니다. "이제 다 컸는데 이런 것도 못 해?"라고요. 분명한 것은 아이는 아직 자신의 행동을 조절하는 전두엽의 발달이나 정서, 자조행동발달이 덜 형성되어 있고 발달하는 과정이라는 겁니다. 언어발달보다 정서와 자조행동발달이 더 늦게, 더 오랫동안 천천히 발달하거든요. 그러니 아이의 언어발달 수준을 보고 아이가 무엇이든 할 수 있을 거라고 오해해서는 안 됩니다. 스스로 자신의 행동을 조절하고 좋은 행동을 습관화하는 것은 하나하나 순차적으로 가르쳐야 해요. 이때 어려운 것보다는 쉬운 것부터 시작해서 아이 스스로 성취감과 만족감을 얻도록 하는 것이 중요하지요. 아이의 작은 성공과 변화에 부모가 아낌없이 칭찬해줄 때 아이는 점차 스스로 할 수 있는 것이 많아진답니다.

넷째, 즉각적으로 보상하세요. 칭찬스티커를 모으는 과정은 아이에게 기다림과 인내의 시간입니다. 또 아이가 자발적으로 '혼자 가방 챙기기'를 선택했어도 마음속으로는 '왜 혼자 가방을 챙겨야 하지?' 하고 이해가 되지 않을 수 있어요. '부모가 해주면 훨씬 빨리 더 잘 챙겨주는데 왜 나한테 하라고 하지? 참 귀찮다.'라고 생각할 수 있지요. 즉 '혼자 가방 챙기기'만으로는 아이의 마음에 내적동기가 생기지 않는 거예요. 아이가 부모와 약속을 한 이유는 단지 하나입니다. 선물을 받기 위해서이지요. 스스로 원해서 한 일이 아니어도 열심히 했는데, 만약 부모가 약속한 보상을 바로 주지 않는다면 아이의 마음은 어떨까요? 아이는 크게 실망하게 되고 속았다는 생각이 들 수밖에 없습니다. 따라서 아이가 약속을 잘 지킬 경우 보상은 즉시 해주는 것이 바람직해요. 만약 부모가 직장을 다녀서 목표를 달성한 날 보상해줄 수 없는 상황이라면 칭찬스티커를 하기로 계획할 때 미리 선물을 받을 수 있는 날짜를 함께 정하는 것이 현명합니다.

다섯째, 물질적 보상과 심리적 보상을 함께 제공하세요. 만약 아이가 '혼자 가방 챙기기'라는 약속을 10번 잘 지킬 경우 1만 원 이하의 장난감을 사주기로 했다고 가정해볼게요. 아이가 장난감으로 비즈를 선택했다면 비즈놀이를 아이 혼자 하도록 하는 것보다 부모가 아이와 함께 놀아주는 것이 바람직합니다. 왜냐하면 물질적 보상만 제공할 경우 1만 원 이하의 장난감이 아이에게 시시해지거나 가치가 없어질 때쯤이면 더 이상 칭찬스티커를 모으지 않겠다고 할 가능성이 높거든요. 또 물질적 보상은 아이가 연령이 높아질수록 값비싼 선물을 요구하거나, 부모가 아닌 타인에게 받을 수 있다는 생각이 들어 지속적인 내적동기를 유발하기 어려울 수 있어요. 따라서 물질적 보상에 더해 부모가 함께 놀아주기, 엄마와 단둘이 데이트하기, 아빠랑 캠핑하기 등과 같은 심리적 보상이 주어질 때 아이는 심리적 보상을 더 크게 기억하고 내적동기가 유지될 수 있습니다. 쿠폰 때문에 간 카페였어도, 주인이 친절하거나 가게 분위기가 자신과 맞을 경우 쿠폰이 없어도 다시 그 가게를 찾게 되는 것과 같은 이치이지요.

우리 아이들에게 좋은 습관이 만들어지도록 돕기 위해서는 다양한 칭찬의 기술을 활용하는 것이 필요합니다. 커피 쿠폰도 단골손님을 모아야 하는 사업 초기에 이벤트로만 활용하는 경우가 많잖아요. 마찬가지로 칭찬스티커 역시 아이의 좋은 행동 형성을 위해 초기에 활용하는 것이 좋습니다. 그리고 부모가 안아주기, 격려해주기, 함께 놀이하기, 함께 캠핑하기 등 심리적 보상을 함께 제공할 때, 아이는 부모에게 자랑스러운 아이가 되고자 더욱 노력하게 될 거예요.

칭찬릴레이와 가족시상식

칭찬은 사람의 마음을 기쁘게, 설레게, 의욕 충만하게 하는 마법의 힘이 있습니다. 비교는 사람의 마음을 우울하게, 비참하게, 무기력하게 하는 부정적인 에너지가 있고요. 그래서 부모는 절대 아이를 다른 사람과 함부로 비교해서는 안 됩니다. 또 내 아이를 설렘으로 가슴 뛰게 하고, 기쁨으로 몰입하게 하고, 의욕에 찬 마음으로 노력하게 하기 위해서는 칭찬을 주기적으로 잘 사용할 필요가 있습니다.

칭찬을 많이 들어본 사람이 무엇이든 적극적으로 잘할 수밖에 없어요. 반대로 어릴 적 자신의 부모로부터 칭찬을 많이 듣지 못하고 자란 사람이라면 자신의 아이에게도 칭찬하는 게 많이 어색할 수 있지요. 하고 싶은 마음은 굴뚝같은데 입 밖으로 나오지 않거든요. 이런 경우 칭찬을 할 수 있는 시간과 기회를 정기적으로 마련해서 공식화하는 것을 권합니다.

주말 가족회의나 캠핑에서 칭찬릴레이, 칭찬게임을 해보자

예를 들어 주말에 가족회의를 할 때 회의의 순서에 '우리 가족 칭찬하기'라는 코너를 넣는 겁니다. 한 명씩 돌아가며 칭찬하는 '칭찬릴레이'를 해도 좋고요. 이렇게 미리 정해진 시간에 칭찬하기를 공식화해놓으면 사전에 칭찬할 내용을 미리 글로 작성할 수 있어 좋고, 좀 더 마음에 와 닿는 좋은 칭찬을 해줄 수 있습니다. 또 칭찬을 하려면 칭찬거리를 찾아야 하기 때문에 평소에 가족에게 좀 더 관심을 기울이고 관찰하게 되는 장점도 있고요. 공식적으로 칭찬을 받은 사람은 모두에게 인정받은 기분이 들어 더 잘하려고 노력하게 될 거예요. 칭찬을 받지 못한 사람은 다음에 자신도 칭찬을 받고자 더 좋은 행동을 하려고 애를 쓰게 되겠지요. 무엇보다 가족이 서로 칭찬을 나누는 시간은 그 자체만으로도 기쁨과 행복, 화합과 감사, 사랑과 믿음을 느낄 수 있는 최고의 시간이 될 거예요.

꼭 가족회의가 아니어도 괜찮습니다. 가족이 캠핑을 좋아한다면 저녁을 먹고 여유로운 시간에 모닥불 앞에서 칭찬릴레이를 해도 좋아요. 이때 게임 방식을 활용하면 더욱 분위기가 즐거워질 거에요. 예를 들어 가벼운 공이나 손수건을 준비해서 게임을 할 수 있어요. 처음 공을 든 사람이 먼저 "제가 칭찬하고 싶은 우리 가족은 ○○입니다. 그 이유는 △△이기 때문입니다."라고 시작한 후, 가지고 있던 공을 칭찬받은 주인공에게 던지는 거예요. 그럼 칭찬과 공을 받은 사람이 다른 가족을 또 칭찬하고 공을 던지는 것이지요. 물론 이미 칭찬을 받은 사람이 또 다른 사람에게 칭찬을 받아 공을 여러 번 받아도 괜찮습니다. 이렇게 칭찬을 게임으로 진행할 경우 더욱 재미있게 칭찬할 수 있어 칭찬이 어색하지 않게 되지요.

칭찬릴레이는 많은 기업에서도 조직 내 소통과 조직문화 활성화를 위해 진행하고 있는 방법입니다. 가족의 행복한 문화와 분위기, 원활한 소통을 위해 칭찬을 꾸준히 활용해보는 것은 어떨까요?

한 해의 마무리는 가족시상식으로

한 해를 마무리할 때쯤이면 생각나는 장면이 몇 가지 있습니다. 그중 각 방송사에서 진행하는 시상식은 빼놓을 수 없는 연말행사인데요. 연기대상, 가요대상, 연예대상 등 방송사별, 분야별 시상식을 보고 있노라면 한 해에 어떤 일이 있었는지, 어떤 프로그램으로 울고 웃었는지 새삼 기억을 되새기게 되지요.

아이들의 성장에도 한 해의 시작과 마무리는 매우 큰 의미를 줍니다. 한 해를 시작하는 새해 첫날에는 한 살 더 나이를 먹었다는 기쁨과 설렘을 느끼게 됩니다. 앞으로 어떤 형, 언니가 되고 싶은지 스스로 생각해보고 새해 계획이나 다짐을 세워보도록 유도할 수 있는 좋은 기회이기도 하고요. 한 해를 마무리하는 마지막 날은 한 해를 지내면서 잘한 행동과 아쉬웠던 부분을 반성해볼 수 있도록 돕는 계기가 됩니다. 자기계획과 자기반성은 자신이 어디로 가야 하고, 어디로 가고 있는지 스스로 인식하도록 돕는 메타인지 과정으로 매우 중요한 의미를 갖습니다.

연말은 반성뿐만 아니라 칭찬을 하기에도 매우 좋은 기회예요. TV나 여러 매체에서도 시상식을 하고 있기 때문에 따로 분위기를 만들지 않아도 자연스럽게 시상식 분위기를 낼 수 있지요. 또 어린이집이나 유치원, 학교에서도 1년을 마무리하며 개근상이나 성실상, 노력상 등 여러 가지 이름의 상으로 아이들을 칭찬하고요. 이런 분위기를 따라 가정에서도 연말 가족시상식을 해본다면 유익하면서 즐거운 파티 분위기를 연출할 수 있을 거예요.

가족시상식을 위해 먼저 작은 케이크를 하나 준비해보세요. 함께 케이크의 촛불을 끄며 한 해 동안 수고한 가족을 위로하고 감사를 표현해봅시다. 또 본격적인 가족시상식을 위해서는 미리 부모가 아이를 위해 상장을 마련해놓을 필요가 있어요. 이때 상장의 내용은 최대한 구체적으로 작성하는 것이 좋고요. 연말 가족시상식이 매년 정기적으로 이뤄질 경우 아이가 만 5세 이상이 되면 반대로 아이도 부모에게 상장을 수여하는 모습으로 발전하게 될 겁니다. 가족이 서로가 서로에게 상장을 수여하면서 아이는 부모에게 사랑으로 돌봐주심에 감사하고, 부모는 아이에게 건강히 잘 자라준 것에 감사한다면 가장 행복한 연말연시가 될 수 있을 거예요. 칭찬으로 한 해의 마무리와 새로운 한 해의 시작을 연 아이는 분명 행복하게 자랄 것임이 틀림없습니다.

가족시상식 상장 예시

예의 바른 어린이 상

이름: ○○

위 어린이는 엄마, 아빠에게 아침, 저녁으로 인사를 했고,
어른들을 보면 먼저 "안녕하세요."라고 인사했습니다.
어른에게 예의 바른 ○○을 칭찬해주고 싶습니다.
앞으로 더 멋지고 사랑스러운 어린이가
될 것을 기대해보며 이 상장을 드립니다.

202△년 △△월 △△일
○○을 하늘만큼 땅만큼 사랑하는 엄마, 아빠가

퀄리티타임 5

대화를 통한 성장 짓기

하나 | 아이와 잘 대화하고 계신가요?

둘 | 성장을 돕는 '가치 중심'의 대화

셋 | 속상한 아이를 위한 감정코칭대화 4단계

넷 | 아이 잘못은 '나-메시지' 전달법으로 지적해요

다섯 | 갈등 상황에 유용한 책임 따르기와 윈윈 대화법

아이와 잘 대화하고 계신가요?

작고 소중한 자녀가 태어나던 감동의 순간을 기억하시나요? 눈에 넣어도 아프지 않을 이 소중한 생명에게 어떤 부모가 되리라 다짐하셨나요? 많은 부모들이 '친구 같은 부모'가 되리라고 다짐했을 거예요. 권위적인 태도로 거리감이 느껴지는 부모가 아닌 심리적으로 가깝고 친근한 부모가 되고 싶다는 생각으로요.

우리는 왜 '친구 같은 부모'를 이상적인 부모로 꿈꾸게 되었을까요? 아마도 많은 분들이 어릴 적 자신의 부모로부터 받은 상처나 아쉬움을 떠올렸을 거예요. 부모의 양육 태도에 상처를 받으며 자란 경우 자신의 부모를 생각하면 **'대화가 안 된다.' '말해봤자 소용**

없다.' '내 말을 한 번도 제대로 들어준 적이 없다.' '부모가 하고 싶은 말만 계속하는 것이 너무 지겹다.' 등 부정적인 기억이 떠오를 겁니다. 물론 반대의 경우도 있습니다. 어릴 적 부모에게 들은 다정한 말투, 자신의 말을 끝까지 들어주었던 경청의 태도, 마음에 와 닿는 따뜻한 말과 분위기가 너무 좋아 자신도 '친구 같은 부모'가 되어야겠다고 마음먹은 경우도 있을 테니까요.

결국 내 아이도 10년 후 혹은 20년 후 나와 같은 생각을 하게 될 겁니다. 아이가 나를 어떤 부모로 기억할 것인지는 대체로 성장 과정에서 '부모-자녀' 사이의 소통이 어땠는지로 판단될 가능성이 높습니다. 소통이 원활할 경우 상대와 계속 함께 있고 싶은 마음이 들고, 속상할 땐 위로받는 느낌이 들고, 답답할 땐 문제를 좀 더 객관적으로 볼 수 있는 지혜의 눈이 떠질 겁니다. 불안하고 걱정이 될 땐 새로운 용기와 자신감을 얻게 되겠지요.

대화를 방해하는 열 가지 요인

우선 '소통이 잘 된다.'라는 말의 의미부터 정확히 알 필요가 있습니다. 부모는 소통하고 있다고 생각하지만 아이는 전혀 그렇지 않다고 느끼는 경우가 다반사니까요. 소통의 사전적 의미는 크게 두 가지입니다. 하나는 '막히지 않고 잘 통함'이고 다른 하나는 '뜻이 서로 통해 오해가 없음'이에요. 즉 아이에게 부모의 말이 어딘가에 막힘없이 전달되어야 하고, 부모의 생각과 의도가 오해 없이 전달되어야 해요. 하지만 소통을 방해하는 수많은 요인들이 부모의 말이 아이의 귀에 닿기도 전에 방음벽 역할을 하기도 해요. 부모의 마음이나 의도와 달리 다른 모양, 다른 색깔로 변질되어 전달되는 경우가 빈번하지요.

소통을 방해하는 열 가지 요인은 비난, 무시, 추궁, 비아냥, 충고, 조언, 협박, 평가, 회피, 불신입니다. 이 열 가지에 해당하는 부모 반응이 아이 입장에서 어떻게 들릴지 차례대로 예상해볼게요. 예를 들어 내 아이가 친구가 자신에 대해 나쁜 말을 하고 다녀서 속상한 마음에 울고 있다고 가정해봅시다.

대화를 방해하는 요인과 아이의 반응

요인	부모의 반응	듣는 아이 입장
비난	"네가 뭘 잘못했으니까 친구가 나쁜 말을 했겠지."	"엄마는 무슨 말만 하면 내 잘못이래. 됐어, 그만해!"
무시	"신경 쓰지 마! 어떻게 다른 사람들이 하는 말까지 다 신경 쓰면서 살아."	"엄마는 이 문제가 별거 아닌 것 같아? 어떻게 신경을 안 써. 친구들이 다 날 나쁜 애로 볼 텐데. 괜히 말했어."
추궁	"친구가 뭐라고 했는데? 제대로 알아본 거 맞아? 똑바로 말 못 해?"	"아니 왜 나한테 성질을 내. 속상해 죽겠는데. 이젠 말 안 해."
비아냥	"으이구, 마음이 그렇게 여려서 어떻게 살래?"	"언제는 마음이 여려서 착하다며. 같이 고민은 못 해줄망정 괜히 나한테 그래."
충고	"눈에는 눈, 이에는 이로 대해줘야 해. 너도 같이 나쁜 말을 해."	"그럼 나보고 걔처럼 나쁜 행동을 하라는 거야? 무슨 엄마가 저래?"
조언	"살아보니까 결국 나쁜 말을 하고 다니는 애가 더 욕먹게 되더라. 좀 기다려 봐."	"그걸 어떻게 믿어? 엄마 때랑 요즘은 시대가 다르거든. 애들이 날 왕따 시키면 어떻게 해?"
협박	"그렇게 말한 애가 누구니? 엄마가 가서 혼내줘야겠다."	"엄마가 그 친구를 혼내주면 걔 엄마도 날 혼내러 오는 거 아니야? 무서워. 괜히 말했어."

평가	"걔 인성이 나쁜 애지? 빤해. 네가 얼마나 만만해 보였으면 그랬겠어."	"걔 원래 나랑 친했던 애거든? 나도 만만하게 행동한 적 없어. 엄마 마음대로 해석하지 마."
회피	"네 일은 네가 해결하는 거야. 언제까지 엄마가 네 일을 해결해줘야 하니?"	"아니, 무슨 엄마가 저래? 그리고 누가 해결해달래?"
불신	"이런 일은 너 혼자 해결 못 해. 엄마가 그 애 엄마 만나서 야단치라고 할게."	"엄마는 아직도 날 못 믿네. 결국 이 일은 내 문제고 계속 학교에서 만날 내 친구와의 문제인데, 왜 엄마가 나서고 난리야."

부모는 아이가 잘되라고, 상처받지 말라고 하는 충고이고 조언이지만 아이는 그렇게 느끼지 않아요. 왜냐하면 말은 하는 사람과 듣고 해석하는 사람이 따로 있기 때문입니다. 부모의 이런 반응을 심리학에서는 1차 감정, 2차 감정이라는 말로 표현하기도 합니다. 예를 들어 다른 아이가 내 아이에 대해 나쁘게 말한 상황을 들은 부모의 1차 감정은 안쓰러움, 안타까움, 속상함 등일 겁니다. 이런 1차 감정으로 인해 나온 비난, 무시, 추궁, 비아냥, 충고, 조언, 협박, 평가, 회피, 불신은 2차 감정이지요. 1차 감정은 문제 상황에 대한 부모의 진짜 의도와 마음이고, 2차 감정은 1차 감정으로 인한 가짜 마음이라 할 수 있어요.

문제는 아이가 부모의 2차 감정만 느꼈다는 사실입니다. 부모의 진짜 마음을 모르기 때문에 아이는 부모가 보인 2차 감정 반응에 당황해하며 오해를 하기에 충분하지요. 따라서 결국 말을 잘하는 사람, 소통을 잘하는 사람이란 해석하는 상대가 자신의 말을 오해 없이 듣도록 1차 감정을 그대로 표현하는 사람이라고 할 수 있습니다.

소통을 잘하는 사람의 특징은 또 있습니다. 바로 상대를 대하는 태도예요. 상대를 독립된 인격이라 생각하고 동등한 관계를 유지하지요. 즉 소통을 잘하는 부모는 아이의 의견을 존중하고 경청하며 아이의 마음을 제대로 알고자 귀를 기울여요. 아이의 삐진 말, 떼쓰는 행동, 거짓말을 하는 모습까지 모두 이유가 있을 거라 생각하고 그 마음을 알고자 노력합니다. 이런 태도는 자연스레 공감의 대화로 이어지고, 민주적 의사소통의 분위기를 만들기 때문에 아이로 하여금 '부모가 내 얘기를 잘 들어준다.' '우리 가족은 소통이 잘되는 편이다.'라고 느끼게 합니다.

성장을 돕는 ‘가치 중심’의 대화

초등학교 3학년 이수는 자신의 할 일을 스스로 하는 모범적인 어린이입니다. 엄마는 말하지 않아도 스스로 할 일을 해내는 이수가 고마우면서도 한편으로는 지나치게 바른 생활, 안정적인 생활을 추구하는 모습이 조금 걱정이었어요. 예를 들어 ‘아빠와 단둘이 일주일 제주도 여행 가기’를 제안해도 학교 결석 문제와 다녀와서 밀린 학습 진도를 따라가기 어렵다며 걱정하는 모습을 보였지요. 엄마는 아빠와 단둘이 시간을 보내는 것도 의미가 있을 것 같고, 이수가 틀에 박힌 생활에서 벗어나는 경험도 필요할 것이라 판단했어요. 결국 이수는 아빠와 제주도 여행을 가게 되었습니다.

여행 기간 동안 이수는 아빠와 많은 경험을 하고, 많은 대화를 나누며 즐거운 시간을 보냈다고 해요. 문제는 여행을 마친 후였습니다. 엄마는 평소에 워낙 이수가 모범적인 모습을 보였던 터라 다녀와서 곧바로 학교와 학원의 학습 진도, 밀린 과제 등을 해결할 거라 기대했습니다. 하지만 이수는 여행 후 일주일이 넘도록 매일 하던 학습지도, 그동안 밀린 과제도 하지 않았어요. 여행의 후유증일 거라 생각하고 엄마도 처음 일주일은 참았습니다. 그런데 열흘이 지나고, 2주가 다 되어도 원래의 이수 모습으로 돌아오지 않는 거예요. 엄마는 더 이상 안 되겠다 싶어 이수를 야단치기로 했지요.

"이수, 너 학습지 언제 다할 거야? 밀린 학원 숙제도 안 하고 왜 그래? 너 원래 이런 애 아니었잖아."

이수는 다행히 엄마의 야단을 부정적으로 받아들이지 않고 다시 원래 모습대로 돌아왔다고 해요. 하지만 아이에게 이렇게 크게 화를 낸 적이 처음이라 엄마의 마음은 편하지 않았지요.

자발적 변화는 직접적 지시보다 가치 중심의 대화로 이뤄진다

아이가 자칫 잘못된 길로 가는 것처럼 보일 때, 부모는 정말이지 화를 참기 어려운 것이 사실입니다. 언제까지 참아야 하나, 불안감과 함께 인내심의 한계가 찾아오면 스스로에게도 너무 화가 나고 이런 상황을 만든 아이에게도 화가 나지요.

부모가 걱정스런 마음을 전달하는 것은 전혀 문제가 되지 않아요. 또 아이가 잘못된 길로 가려고 할 때 부모가 아이의 방향을 다시 잡아주고자 브레이크를 거는 시도는 당연히 필요합니다. 문제는 부모의 마음을 전달하는 방식과 내용(말)이지요. 화를 내며 부정적인 감정을 표현하는 태도는 좋지 않아요. 부모의 말이 이왕이면 겉으로 나타난 표면적인 내용보다 가치 중심의 내용이면 훨씬 효과적일 수 있습니다. 즉 문제를 해결하기 위한 부모의 직접적인 지시보다 아이 스스로 문제의 원인을 파악하고 해결책을 찾도록 돕는 가치 중심의 대화를 하는 것이 바람직하지요.

예를 들어볼게요. 엄마가 이수에게 밀린 학습지를 언제 시작할 것인지 묻고 밀린 학원 숙제를 하지 않은 모습이 이해되지 않는다는 식으로 말하는 건 문제에 대한 표면적인 내용입니다. 빨리 시작하라는 직접적인 지시가 포함되어 있지요. 이런 직접적인 지시는 타인의 통제와 명령에 따라 행동하는 것이기 때문에 내적동기가 생기지 않아서 능동적이고 자발적인 모습을 기대하기 어려워요. 즉 바로 책상에 앉아 밀린 과제를 하는 것처럼 보여도 아이는 집중을 하지 못하고 공부를 하는 내내 즐겁지 않을 거예요.

만약 부모가 아이와 여행을 다니면서 즐거웠던 일, 느꼈던 점을 이야기 나누며 자연스럽게 '여행 후유증'에 대해 대화를 시도했다면 어땠을까요? 이와 관련해서 아이들이 겪는 '새학기 증후군'이나 어른들이 흔히 말하는 '월요병'을 예로 들며 이야기한다면 좀 더 공감이 쉬울 테고요. 누구나 장기 휴가를 즐긴 다음에는 일상으로 돌아오는 과정에서 작든 크든 후유증을 겪곤 합니다. 그럼에도 불구하고 안정적인 일상으로 돌아오는 것이 왜 중요한지를 이야기함으로써 아이 스스로 삶에서 중요한 가치가 무엇인지 생각해보도록 유도할 수 있겠지요.

때때로 게으름을 피우는 아이에게 **"그만 자고 빨리 안 일어나!"** 라고 지시하기보다 **"인간에게 시간은 어떤 의미가 있을까?"**라고 질문하는 거예요. 세상에 시간만큼 공평한 것은 없잖아요. 누구에게나 똑같은 시간이 주어지지만 이 시간을 어떻게 사용하느냐에 따라 사람들의 모습은 점차 달라지지요. 또 약속시간을 지키지 않는 아이에게 **"너 때문에 엄마가 할 일을 못했잖아."**라고 질타하기보다 **"타인의 시간을 함부로 쓰는 것은 죄가 될 수 있다."** 하는 등의 의미를 담은 이야기를 해주는 것도 좋은 방법이 될 수 있고요. 이런 가치 중심, 의미 중심의 대화를 통해 아이를 비난하지 않으면서 아이 스스로 자신의 행동을 반성해보고 올바른 방향을 찾도록 도울 수 있습니다.

마음에 울림과 감동을 주는 대화와 토론을 활용하자

아이의 성장을 돕는 가치 중심, 의미 중심의 대화가 자발적 변화를 일으키는 이유는 아이의 마음에 울림과 감동을 주기 때문입니다. 하루 10분이라도 제대로 아이와 '진짜 대화'를 하고 싶다면 아이의 행동을 움직이게 하는 지시의 말이 아닌, 아이의 마음을 움직이는 감정을 건드리는 대화가 필요합니다. 마음에 울림과 감동을 주는 대화는 일상에서도 가능해요.

1. 아이와 밥을 먹을 때

"흘리지 마라." "골고루 먹어라." "똑바로 앉아라." 하는 행동을 지시하는 말보다 "어떤 음식이 맛있니?" "어떤 맛이 나니?" "왜 이 음식이 좋으니?" "왜 이 음식은 싫을까?" "가족과 함께 먹으니 어떤 느낌이 드니?"와 같이 아이의 생각과 느낌, 감정을 묻는 말이 좋습니다.

2. 시험을 눈앞에 두고도 공부하지 않을 때

"언제 공부할래?" "시험 망치면 이번에는 선물 없어." "하기 싫으면 하지 마. 네 인생이지 내 인생이니?"처럼 다그치고, 협박하고, 포기하듯이 말해서는 안 됩니다. "시험이 3일 앞으로 다가오니 마음이 어떠니?" "혹시 무슨 일이 있니? 시험이 눈앞인데 집중하지 못하는 것이 걱정되는구나." "공부는 꼭 성적이 잘 나오기 위해 해야 하는 것은 아니야. 성장을 위해 필요한 거지. 너 스스로 성장하고 있다고 생각하니?" 하는 식의 스스로를 되돌아보도록 돕는 말을 해야 합니다.

만약 가치 중심, 의미 중심의 대화를 하는데 아이와 의견 차이가 생겼다면 너무 걱정하지 마세요. 이때야말로 아이의 진짜 성장을 도울 수 있는 좋은 기회거든요. 이럴 때는 부모가 생각하는 의견대로 아이가 대답할 때까지 훈계하거나, 설득하거나, "다시 생각해봐."라는 식으로 추궁해서는 안 됩니다. 오히려 아이가 가진 생각을 인정하되 시간을 두고 다시 토론하자며 미뤄두는 것이 좋습니다. 토론을 위해서 아이에게 자신의 생각에 대한 근거를 찾아오도록 하는 것이지요.

예를 들어 "왜 공부를 해야 할까?"에 대한 가치 중심의 대화를 하는 과정에서 아이가 "굳이 공부는 할 필요가 없는 것 같다. 요즘 돈 많이 벌고 유명한 유튜버들을 보면 어릴 적에 공부를 잘 못했다고 하더라."라는 주장을 했다고 가정해봅시다. 이때 부모가 "그 사람의 재능과 네 재능은 다르다." "유튜버로 성공하기는 쉽지 않다." "지금 공부해놓지 않으면 따라가기 어렵다." 등으로 설득하는 것은 큰 도움이 되지 않습니다. 오히려 아이는 '내 생각을 무시하네.' '결국 엄마가 맞다는 얘기를 할 거면서 왜 나한테 대화를 하자고 하지?' 하며 답답함을 느낄 뿐이지요. 이후로는 부모와의 대화를 멀리하며 자신과 생각이나 뜻이 비슷한 친구들을 찾게 될 거고요.

아이와 의견 차이가 생겼을 때, 아이의 생각을 강압적으로 바꾸려고 하지 마세요. 특히 그 자리에서 부모의 의견에 동의하도록 계속 설득하는 것은 전혀 바람직하지 않습니다. 이때는 우선 "네 생각은 그렇구나. 내가 살아온 시대와 네가 살고 있는 시대는 다르니까 넌 그렇게 생각할 수 있을 것 같아. 하지만 아직 네 생각에 엄마가 설득되진 않았어. 다음 주말에 이 주제에 대해 다시 한번 얘기해보자. 그때는 아빠도 함께 토론에 참석하도록 하는 것이 좋겠어. 네 생각을 엄마가 이해할 수 있도록 근거 자료와 함께 엄마가 염려하는 부분에 대한 대책을 생각해오면 좋겠구나."라고 말하는 것이 좋아요.

서로 상충되는 의견에 대해 가족이 함께 토론함으로써 아이는 한층 성장하게 됩니다. 또 자신의 주장을 펼치는 토론자로서 참여하는 것이기 때문에 상대에게 인정받는 느낌을 받습니다. 자신의 주장에 대한 근거를 찾는 과정에서 새로운 시각의 정보를 들을 수 있는 기회를 얻기도 하고요. 무엇보다 해당 주제에 대해 다양한 관점에서 깊이 있게 이해할 수 있어지기 때문에 문제해결력을 키우는데 탁월한 효과가 있어요.

아이의 성장과 변화는 금방 눈에 띄게 나타나지 않습니다. 매우 조금씩 아주 느리게 성장하고 변화하거든요. 부모가 아이의 행동과 말, 생각을 지금 당장 바꾸려고 해서는 안 됩니다. 당장 바꿀 수 있는 방법은 강압적인 방법밖에 없거든요. 강압적인 방법은 오래 지속되지도 않고, 아이의 내적인 힘이 발휘되지도 않습니다. 부모는 단지 아이가 천천히 스스로 성장할 수 있도록 열린 분위기와 기회를 만들어주면 됩니다. 아이의 마음에 울림과 감동을 전하고, 자신의 생각의 근거를 제시함으로써 설득하는 토론의 장을 열어준다면 아이는 내면이 단단한 사람으로 성장할 수 있을 겁니다.

속상한 아이를 위한 감정코칭대화 4단계

많은 부모가 '양육은 어렵다.'라고 느끼는 이유 중 하나는 '모호성' 때문입니다. 그중 하나가 바로 언제 공감을 해야 하고, 언제 훈육을 해야 하나에 관한 판단이에요.

감정의 주체가 누구인지를 분명하게 구별해야 하는 이유

이번에는 아이에게 공감이 필요한 상황에서 적합한 '감정코칭대화법'과 아이의 잘못된 행동을 수정하기 위한 '나-메시지' 전달법을 구별해서 소개해드릴게요. 이 두 가지 대화법을 구별하는 가장 중요한 기준은 바로 **'부정적 감정의 주체자가 누구냐?'**입니다. 다음 사례에서 '아이가 속상한 상황'과 '부모가 속상한 상황'을 구별해보세요.

상황 1. 아이가 그림을 예쁘게 색칠하고 싶은데 색이 밖으로 튀어나와 너무 속상한 나머지 울고 있다.

상황 2. 아이가 친구에게 자신의 장난감을 뺏긴 후 아무 말도 하지 못하고 있다.

상황 3. 아이는 친구들과 놀고 싶은데 친구들이 끼워주지 않아 우물쭈물하고 있다.

상황 4. 아이가 혼자 장난감을 사용하면서 동생은 못 가지고 놀게 뺏는다.

상황 5. 아이가 부모 가방에서 몰래 핸드폰을 꺼내 동영상을 보고 있다.

상황 6. 아이가 거실이나 놀이방을 엉망으로 만들어놓고 정리를 하지 않았다.

구별이 되셨나요? 상황 1~3은 부정적 감정의 주체자가 아이인 상황이고, 상황 4~6은 부정적 감정의 주체자가 부모인 상황입니다.

그런데 많은 부모들이 이 두 가지 상황을 구별하기 어려워하지요. 예를 들어 상황 2처럼 아이가 친구에게 장난감을 빼앗기면 너무 답답하고 화가 난 나머지 감정의 주체자가 부모 자신이라고 오해하기 쉽습니다. 그래서 이런 상황에서도 아이의 마음을 위로하지 못하고 화를 내게 되지요.

하지만 사실 상황 1~3에서 가장 근본적으로 피해를 본 사람, 가장 난처한 사람은 바로 아이입니다. 색칠을 예쁘게 하고 싶은데 마음대로 되지 않으니 아이는 '나는 못난 아이다.'라는 자책감과 실망감이 들 거예요. 장난감을 빼앗기거나, 친구들과 놀고 싶은데 끼지 못하는 상황에서 가장 당황스럽고 속상한 것은 당연히 아이 본인입니다.

상황 4~6에서 아이는 특별히 큰 피해를 보거나, 속상하거나 난처하지 않은 상황입니다. 상황 4에선 동생이 장난감을 못 만지게 하고 혼자 다 가지고 놀고 있으니 오히려 신이 나지요. 상황 5에선 좋아하는 핸드폰 동영상을 보며 즐거운 상황이고요. 상황 6에선 장난감을 신나게 가지고 놀고 홀가분하게 그 자리를 떠났으니 크게 마음에 불편한 것이 없는 상황이에요. 상황 4~6에서 속상하고 화가 나는 사람은 그야말로 부모이지요.

상황 1~3처럼 아이의 마음이 속상하고 난처한 상황에서 부모가 해야 하는 반응은 '감정코칭대화'입니다. 감정코칭대화는 아이의 마음을 위로하고 함께 대안을 찾는 대화 방식이에요. 반대로 상황 4~6처럼 아이의 잘못된 행동 때문에 부모나 타인이 피해를 보고 속상하거나 화가 난 상황에서는 부모가 '나-메시지' 전달법으로 대화를 해야 합니다.

많은 부모들이 이 두 가지를 구별하기 힘들어하는 이유는 아이의 감정이 곧 부모 자신의 감정이라고 생각하기 때문입니다. 실제로 아이가 속상하면 부모도 같이 속상합니다. 아이가 피해를 보면 부모가 같이 안타깝고 화가 나니까요. 그래서 아이의 감정을 보지 못하고 부모의 감정에 대한 반응만 나오는 것이지요. 즉 아이에게 위로가 필요한 상황에서도 화를 내고, 아이의 행동을 수정하기 위해 야단을 쳐야 하는 상황에서도 화를 냅니다.

예를 들어볼게요. 혹시 최근 아이에게 '욱'한 적 있으신가요? 어떤 상황에서 '욱'하게 되셨나요? 주로 부모는 아이가 친구를 때릴 때, 아이가 뻔히 보이는 거짓말을 할 때, 장난감을 던지거나 함부로 사용할 때 등 잘못된 행동을 하면 욱하게 됩니다. 그런데 문제는 아이가 잘못을 했을 때만 욱하는 것이 아니라 답답하고 속상해하는 모습을 보일 때도 욱한다는 거예요. 즉 아이가 게임에서 져서 속상해하며 울고 있을 때, 아이가 친구 생일파티에 초대받지 못해 우울해할 때, 방학 숙제로 '환경 포스터 만들기'를 해야 하는데 어떻게 해야 할지 몰라 짜증을 낼 때 등 아이가 스스로 문제를 해결하지 못하는 상황인데 이를 보며 답답한 마음에 욱하는 경우가 많습니다. 하지만 이런 상황은 사실 부모가 욱하며 화를 내야 할 것이 아니라,

아이의 마음을 위로하고 적절히 도움을 줘야 할 상황이잖아요.

아이는 내가 아닙니다. 아이의 감정은 아이의 감정으로 두고, 부모는 아이의 감정에 따라 다르고 적절하게 반응을 보여야 해요. 이 두 가지 상황을 구별하지 못할 경우 야단을 쳐야 하는 상황에 공감을, 위로가 필요한 상황에 야단을 치는 오류를 범할 수 있어요. 아이의 감정을 객관적으로 볼 수 있는 지혜의 눈이 필요합니다.

속상한 아이를 위한 감정코칭대화 노하우

아이가 속상한 상황에서 부모가 해야 하는 대화가 바로 감정코칭대화입니다. 감정코칭대화는 4단계로 구분되는데요. 아마 육아 콘텐츠나 부모 교육, 양육서에서 많이 보셨을 거예요. 그런데 언제 사용하는지를 헷갈려하는 경우가 많지요. 중요해서 다시 한번 강조할게요. 언제 사용하는 걸까요? 바로 아이의 마음이 속상하고 불편할 때 사용하는 겁니다. 좀 더 다양한 예를 살펴볼게요.

· 아이는 부모랑 더 있고 싶은데, 유치원에 빨리 가야 하는 경우
· 아이는 부모랑 놀고 싶은데, 부모가 집안일을 해야 하는 경우
· 부모가 모임에 참석하거나 일을 하고 있는 중이라 아이가 조용히

기다려야 하는 경우

· 아이는 키즈카페에서 더 놀고 싶은데, 이제 가야 하는 경우
· 숙제를 아직 다 못 했는데, 아이가 아프거나 너무 졸린 경우
· 장난감을 사러 왔는데, 원하는 장난감이 없어 짜증이 난 경우

이 모든 상황은 부정적 감정의 주체가 아이입니다. 아이의 마음이 불편한 상황이지요. 이때 주의해야 할 것이 있어요. 아이의 마음이 불편한 상황일 때 부모가 먼저 문제해결에 집중을 하면 안 됩니다. 부모가 아이의 마음을 잘 알고 있다는 것을 나타내는 공감과 위로를 표현해야 해요. 예를 들어 유치원에 가기 싫어하는 아이에게 "엄마가 유치원 갔다 오면 장난감 사줄게."라고 말하거나, 기다리기 힘들어하는 아이에게 "엄마가 얘기하는 동안 이거 보고 있어."라며 핸드폰을 주거나, 아이는 키즈카페에서 더 놀고 싶은데 "집에 가면서 아이스크림 사가자."라고 말하는 것은 도움이 되지 않습니다. 이는 아이로 하여금 불편한 감정을 빨리 없애게 하는 데 초점이 맞춰진 말이거든요. 공감과 위로가 아닌 해결에 집중해서 대화를 시도할 경우 아이는 스스로 부정적 감정을 다루고 조절하는 힘을 키우지 못해요. 이런 해결책은 공감의 말을 한 후에 제시하는 것이 바람직하지요.

물론 아직 자기조절능력이 형성되어 있지 않은 24개월 이전의 아이라면 장소를 옮겨서 다른 것으로 빨리 관심을 바꿔주는 것

도 괜찮습니다. 하지만 만 3세 이상 아이라면 훈육의 목적은 스스로 자기조절능력을 갖고 좋은 선택을 하도록 돕는 거잖아요. 그런데 이렇게 '장난감 사주기'와 같은 관심 돌리기로 부모가 문제를 해결한다면 아이 스스로 자기조절능력을 형성하기 어렵습니다. 훈육이 필요한 이유, 즉 양육에 가장 중요한 핵심은 아이 스스로 자율적 도덕성을 통해 자기조절능력을 형성하도록 돕는 데 있다는 것을 잊어서는 안 됩니다.

그렇다면 어떻게 아이의 자율적 도덕성과 자기조절능력을 키울 수 있을까요? 감정코칭대화 4단계가 해답이 될 수 있습니다. 구체적인 방법을 알아볼게요. 각 단계를 정리하면 다음과 같습니다.

1단계: 먼저 그 상황에 집중해서 아이의 감정에 공감해주세요. 부모가 너의 마음을 알고 있다는 것을 표현해주는 단계입니다.
2단계: 객관적인 상황을 설명해주세요.
3단계: 아이와 함께 합리적인 대안을 생각해보세요.
4단계: 선택은 아이가 할 수 있도록 기회를 주되, 되는 것과 안 되는 것을 구별시켜주세요.

이 순서대로 구체적인 상황을 적용해보면 다음과 같이 대화할 수 있어요.

감정코칭대화 4단계 예시

예시	유치원을 가기 싫어할 때	할 일이 있는데 엄마랑 더 놀고 싶어 할 때	키즈카페에서 더 놀고 싶은데 가야 할 때
1단계	"엄마랑 집에 있고 싶구나. 집에 있으면 마음대로 놀 수 있는데, 그치?"	"엄마랑 더 놀았으면 좋겠구나. 그만하려니 아쉽지?"	"키즈카페가 재미있구나. 우리 아들이 좋아하니 더 자주 와야겠네."
2단계	"하지만 5살 어린이는 유치원을 가야 해."	"엄마도 너와 더 놀고 싶지만, 설거지를 해야 해."	"이제 집에 아빠가 올 시간이야. 또 곧 저녁을 먹어야 하고."
3단계	"그럼, 엄마를 더 빨리 만날 수 있도록 엄마가 이따 유치원으로 데리러 갈까?"	"그럼, 엄마가 설거지를 하는 사이 엄마 옆에서 장난감으로 놀래?"	"마지막으로 어떤 놀이를 하고 갈까? 엄마가 몇 분 정도 더 기다려주면 될까?"
4단계	만약 아이가 "엄마가 밥 먹기 전에 데리러 와." 라고 한다면 "엄마가 그 시간까지는 가기 힘들어. 하지만 밥 먹고 1시간 안에 갈게."	엄마가 설거지를 하는 사이 아이가 옆에서 장난감을 가지고 놀거나 따로 혼자 노는 등 여러 대안 중 하나를 아이가 선택할 수 있도록 합니다.	만약 아이가 '30분'이라고 말한다면 "30분은 안 돼. 시계가 이만큼 될 때까지(10분) 기다릴게." 하고 답한 뒤 엄마는 짐을 챙깁니다.

감정코칭대화 4단계로 문제를 해결하는 경험이 누적될 경우, 아이는 부모와 함께 나눈 공감대화가 자연스럽게 습관화되어 또래 친구들과 대화할 때 활용할 수 있게 됩니다. 즉 마음을 헤아리는 대화를 잘할 수 있게 되지요. 또 스스로 합리적인 선택을 해나가는 자율적 도덕성을 통해 주도성과 자기조절능력을 키울 수 있게 되고요.

공감으로 시작하는 대화는 아이의 귀를 여는 양방향 대화의 출발입니다. 아이에게 해결책을 제시하며 이성적으로 다가가기보다, 아이의 정서를 읽어주고 감정을 인정해주는 공감대화로 아이의 마음을 움직이시길 바랄게요.

아이 잘못은 '나-메시지' 전달법으로 지적해요

귀엽고 사랑스러운 줄만 알았던 내 아이가 때때로 미운 행동, 이해되지 않는 돌발 행동, 잘못된 행동을 보여 부모의 가슴을 철렁하게 하는 경우가 있습니다. 예를 들어 자신이 해야 할 일을 안 하고 아무 생각 없이 게임에만 집중하고 있는 아이를 볼 때면 답답하기 짝이 없지요. 친구에게 미운 말을 하거나 공격적인 행동을 하는 경우 '남에게 피해 주는 사람으로 키우지 않았는데.'라는 생각에 불안감이 몰려오고요. 영양 만점의 재료로 정성껏 음식을 준비했건만 밥을 입에 물고 씹을 생각을 하지 않아서 마음이 타들어갈 때도 있습니다. 게다가 횡단보도 앞에서 주변을 살피지 않고 뛰어드는 위험한 행동을 할 때면 인내심의 한계가 오고, 순간 부모 자신도 모르게 이성을 잃게 되곤 합니다.

'나-메시지' 전달법으로 비난 없이 아이 행동을 수정해야

아이가 부적절한 행동을 보일 경우 부모가 해야 하는 현명한 대화법이 바로 '나-메시지' 전달법이에요. 부정적 감정의 주체가 부모일 경우 주의해야 할 것이 있어요. 말의 주어가 아이로 시작하는 '너-메시지' 전달법을 활용하면 안 된다는 겁니다. '너-메시지' 전달법이란 "(너) 그만하고 숙제 안 해!" "(너) 예쁘게 말 못 해!" "(너) 빨리 안 먹어!" "(넌) 횡단보도에서 갑자기 뛰면 어떻게 해!" 등 상대를 주어로 행동이나 말을 비난하거나, 지시와 명령이 들어 있는 대화를 말해요.

반대로 '나-메시지' 전달법은 말의 주어를 부모 자신으로 하는 것을 의미합니다. 먼저 부모 감정의 원인이 무엇인지를 말하고, 부모의 감정을 솔직히 털어놓는 거예요. 예를 들어 "숙제는 안 하고 게임만 하고 있으니 엄마가 화가 나려고 해." "네가 밉게 말을 해서 친구가 널 나쁘게 생각할까 봐 엄마가 마음이 아파." "밥을 입에 물고 있으니 이가 썩어서 또 병원에 가게 될까 봐 엄마는 걱정스러워."라고 말할 수 있어요. 이렇게 '나-메시지' 전달법으로 대화를 시도할 경우 비난과 명령을 하지 않아도 아이 스스로 부모가 왜 화가 났는지, 부모의 감정 상태가 어떤지를 알게 됩니다. 그러면 스스로 더 좋은 선택을 하게 되겠지요. '나-메시지' 전달법을 단계화해서 자세히 알아볼게요.

1단계: 아이 시선을 부모에게 집중시키기

아이가 부모를 보지 않는 상태에서의 대화는 의미가 없습니다. "아들! 엄마 봐." 혹은 "엄마 보세요!" 이런 말을 통해 신체적으로 개입하지 않고 아이의 시선을 집중시킬 수 있어요. 아이가 잘못된 행동을 했다고 해서 곧바로 부모가 소리를 지르거나, 아이를 반사적으로 때리는 행동은 하지 말아야 합니다. 이미 부모가 흥분된 상태라면 훈육은 불가능하거든요. 만약 마트나 놀이터 등 밖에서 떼쓰기가 심한 상황이라면 아이를 안고 조용한 장소로 이동해서 환경을 변화시키는 것도 좋은 방법입니다. 아이의 시선을 부모에게 집중시킨 다음 "진정이 조금 되었니? 진정이 되면 대화하자."라고 말하는 것이지요.

2단계: 아이 스스로 상황 파악하게 하기

아이 스스로 상황을 파악할 수 있도록 도움을 주세요. "엄마가 널 왜 불렀을까?" "무슨 일이 있었던 거니?" "친구(동생) 표정을 좀 보겠니?" "왜 동생이 울고 있을까?" 하는 질문을 던지는 겁니다. 만일 충분히 말할 기회를 주었음에도 아이가 스스로 말하고 싶어 하지 않는다면 그때 부모가 상황을 대신 말해줘도 괜찮아요. "지금 학교를 다녀와서 1시간째 TV를 보고 있구나. 엄마가 본 게 맞니?" "네가 친구에게 미운 말을 하는 것을 들었어. 무슨 말을 들었을까?" "마트에 무엇을 사러 왔지? 장난감을 살 수 있는 날은 언제지?"

3단계: 부모 감정의 원인 말하기

부모 감정의 원인과 함께 현재 부모가 느끼는 감정을 솔직하게 말해보세요. "네가 숙제도 안 하고 TV만 보고 있으니 엄마가 화가 나려고 해. 어제도 밤늦게까지 숙제를 하지 않아 매우 힘들었잖아? 오늘도 그럴까 걱정이야." "아들이 약속을 지키지 않아서 엄마가 실망이야." 만일 아이가 스스로 잘못을 시인한다면 "네가 잘못을 알고 있으니 다행이구나. 네가 친구에게 미운 말을 하는 것을 듣고 엄마가 매우 당황했어."라는 식으로 말해보세요.

4단계: 수정할 행동을 명확히 말하고 기다리기

아이가 부모 감정의 원인을 이해했다면 이제 수정할 행동을 명확히 말해주세요. "이제 TV를 끄고 숙제할 시간이야. TV를 엄마가 끌까, 아니면 네가 끌래?" "친구에게 말로 상처를 주는 것은 옳지 않아. 친구에게 사과하렴." "떼를 쓴다고 엄마가 장난감을 사주지는 않아. 그래도 장난감을 사고 싶을 것 같으면 아빠랑 여기서 기다리렴. 엄마가 혼자 장을 보고 돌아올게."

훈육 후에는 아이를 안아주자

아이의 문제행동은 한 번에 고쳐지지 않아요. 부모가 일관적인 태도로 '되는 것'과 '안 되는 것'을 명확히 경험시켜줄 때, 아이가 충분한 연습 과정을 경험할 때 올바른 행동이 습관화되지요. 만약 '나-메시지' 전달법으로 문제행동을 바꾸도록 이끌었다면 마지막에는 꼭 아이를 안아주세요. 부모의 단호한 태도가 자칫 아이에게 자신을 싫어하거나 거부한다는 느낌을 줄 수 있기 때문입니다. 따라서 훈육 후에는 따뜻한 포옹을 통해 마음으로 응원해주는 것이 좋아요.

부모가 충분한 사랑과 애정, 믿음을 전제로 반복된 훈육을 했을 때 아이는 자존감이 높은 아이, 자기조절능력을 갖춘 아이, 주도적인 아이로 성장할 거예요. 오늘도 아이와 퀄리티타임을 보내려고 노력하는 부모님들을 응원합니다.

갈등 상황에 유용한 책임 따르기와 윈윈 대화법

인간은 누구나 수많은 갈등을 접하고 해결하면서 살아갑니다. 경험도, 입장도, 생각도 다른 사람들이 함께 생활해야 하는 사회는 늘 갈등의 연속이지요. 공동체 안에서 함께 살아가는 우리 모두는 어떤 방식으로든 갈등을 해결해야만 하고, 좋은 방법으로 갈등을 해결할 수 있어야 '우수한 사람' '사회성이 높은 사람'으로 평가받게 됩니다.

그중 '부모-자녀' 사이 갈등은 아이가 태어나서 처음 경험하게 되는 갈등일 가능성이 높습니다. '부모-자녀' 간 갈등은 주로 아이가 자기주장을 하기 시작하는 18개월 전후로 시작되는데요. 예를 들어 밥을 안 먹겠다는 아이와 어떻게 해서든 더 먹이고 싶은 부모 사이의 갈등이 있고, 어린이집을 가지 않겠다는 아이와 보내려는 부모 사이의 갈등이 있습니다. 추운 날씨에 치마를 입겠다는 아이와 따뜻한 바지를 입히려는 경우도 대표적인 사례입니다.

이후 아이가 말을 어느 정도 할 줄 아는 연령이 되면 단순히 '맞다 vs. 아니다' 싸움에서 '한다 vs. 안 한다' 싸움으로 번지게 됩니다. 예를 들어 부모를 무시하는 말을 하는 아이, 가고 싶다고 해서 보낸 학원을 금방 안 다니겠다고 포기하는 아이, 학원을 결석하고 친구와 놀겠다는 아이, 자기표현을 하지 않는 아이, 공부를 거부하는 아이 등 시간이 갈수록 갈등의 모습은 매우 복잡하고 다양해집니다.

'부모-자녀' 간 갈등이 반복된다면 아이가 '책임 따르기'를 경험하도록 하자

초등학교 4학년 소율이와 엄마의 갈등을 소개해드릴게요. 소율이는 외동딸입니다. 엄마는 소율이가 매일 아침 늦잠을 자고 늦장을 부리는 문제로 아이와 3년 넘게 갈등 중입니다. 유치원에 다닐 때만 해도 엄마는 아이가 체력이 약해서 못 일어나나보다 싶어 크게 신경을 쓰지 않았다고 해요. 문제는 초등학교에 들어와서도 소율이의 지각은 계속되었다는 거예요. 1학년 때부터 지금까지 소율이는 늘 9시 정각에 교실에 들어가거나, 5~10분씩 늦게 들어가서 항상 지각하는 아이로 낙인이 찍혔습니다. 매년 담임선생님으로부터 소율이의 지각 문제를 지적받아야 했지요. 엄마는 소율이를 지각시키지 않기 위해 별의별 노력을 다 해보셨다고 해요. 아침마다 야단을 치는 것은 일상이고, 굼뜬 행동이 보기 싫어 옷을 직접 입혀주거나 가방을 미리 싸놓게도 하고, 등교시키는 차 안에서 아침밥을 먹이는 등 지각을 피하기 위해 엄마가 최선을 다했지요. 결국 엄마의 노력으로 지각하는 횟수는 줄어들었지만 여전히 갈등은 계속되었습니다.

'부모-자녀' 갈등을 해결하는 경험을 통해 아이는 훗날 다른 사람과 겪게 되는 다양한 갈등을 해결할 수 있는 능력을 키우게 됩니다. 3년이 넘는 시간 동안 '부모-자녀' 사이에 벌어진 갈등이 해결되지 않았다는 것은 엄마의 갈등 해결 방식이 소율이에게 전혀 효과적이지 않았다는 뜻이에요. 아이는 부모와의 갈등에서 좋은 해결 방법도, 그로 인한 성취감이나 만족감도 경험해보지 못한 것이지요. 또 소율이는 누군가와의 갈등 시 상대가 해결해줄 것을 기대하고 스스로 노력하는 태도는 보이지 않을 가능성이 매우 높습니다.

소율이 엄마의 갈등 해결 방식의 문제점은 엄마가 이 문제의 주체자가 되어 있다는 사실이에요. 엄마만 문제의 심각성을 알고 소율이는 크게 신경 쓰지 않아요. 친구들 사이에 부정적인 낙인이 찍혀도 크게 영향을 받지 않고 있으니까요. 또 엄마만 노력을 할 뿐

소율이의 노력은 보이지도 않고요.

이런 상황에서는 아무리 엄마가 노력해서 지각하는 횟수를 줄여도 근본적인 문제는 절대 해결될 수 없어요. 소율이의 문제를 해결할 수 있는 최고의 방법은 엄마가 소율이의 지각 문제에서 살짝 뒤로 물러나 있는 겁니다. 처음엔 아이가 지각을 하면 엄마를 원망할 수도 있어요. 지금까지 엄마의 노력으로 지각을 하지 않았으니, 엄마가 자신을 지각하도록 만든 것이라 생각할 수 있거든요. 이럴 때는 "지각은 너의 문제야. 엄마는 이 일에 관여하지 않을 생각이야. 네가 깨워달라고 부탁하면 한 번은 깨워줄 수 있어. 만약 일어나지 않는다면 그 이상은 깨우지 않을 거야. 학교도 데려다주지 않을 생각이야. 이젠 혼자 학교를 가렴."이라고 미리 경고를 해보세요. 그리고 진짜 말한 대로 행동하셔야 해요.

물론 평소 늘 지각을 하지 않던 아이가 어쩌다 실수로 늦잠을 잔 상황이라면 부모도 최대한 아이를 도와야 합니다. 하지만 소율이의 경우 문제 상황이 너무 오래 지속되었고, 지금도 갈등이 계속되고 있는 상황입니다. 이런 경우 부모는 태도를 바꿔야 해요. 예를 들어 아이가 매일 장난감을 어질러놓고 정리하지 않는다면 부모는 문제에서 한 걸음 물러나 직접 치워주지 않아야 해요. 이때 어질러진 공간에서 벗어나 거실로 나오려는 모습을 보인다면 이 행동을 제지하고 다시 방으로 들어가거나 치우도록 유도해야 하고요. 또 주중에 매일 해야 하는 학습지를 하지 않고 밀렸다면 주말에는 아이와 약속했던 영화 관람을 취소하거나, 도서관에 가서 밀린 과제를 다 하도록 해야 하지요. 자신의 행동이 부적절했다면 스스로 불이익을 받고, 이 과정을 통해 스스로 책임을 지는 경험을 하는 겁니다. 부모 입장에서는 내 아이가 선생님으로부터 꾸중을 듣고 친구들로부터 부정적인 시선을 받는 것이 마음 아프겠지만, 이것을 아이의 몫으로 둘 수 있는 용기가 있어야 해요.

때로는 부모의 도움이나 적극적인 지원, 강요 말고 아이 스스로 선택에 대한 책임감을 갖게 하는 것이 갈등 해결에 도움이 될 수 있습니다. 스스로 책임을 지는 경험을 통해 아이가 성장할 수 있도록 도움을 주세요.

또래 갈등이나 형제 갈등에는 윈윈 대화법이 효과적이다

'부모-자녀' 갈등 외에도 아이들이 경험하는 또 다른 갈등이 있습니다. 바로 또래 갈등이나 형제 갈등이에요. 또래 갈등이나 형제 갈등은 '부모-자녀' 간의 갈등과는 조금 다른 의미가 있어요. 또래나 형제는 아이와 똑같이 성장 과정에 있는 아이들이라는 것이지요. 내 아이든, 또래 친구든 모두 미성숙한 아이들이라는 겁니다. 즉 같은 발달 수준이기 때문에 각자 자기중심적으로 주장하고 생각할 뿐, 객관적인 상황 파악이나 타인에 대한 이해가 부족하다는 거예요. 문제해결력이 부족하기 때문에 각자 자신에게 유리한 방향의 해결책만 제시할 가능성이 높고요.

자기중심적 사고에 사로잡혀 있다 보니 아이들은 의도치 않게 상대에게 불편함이나 서운함을 줄 수 있습니다. 이런 불편함이나 서운함은 곧 갈등으로 연결되고요. 예를 들어 3명의 유아가 엄마놀이를 하고 있는데, 한 명의 유아가 나중에 놀이에 들어왔다고 가정해볼게요. 어른의 경우 3명이 게임을 하다 1명이 새로 합류하게 되면 2명이 짝을 지어 새롭게 게임을 시작하거나, 4명이 할 수 있는 새로운 게임을 계획하게 되잖아요. 하지만 아이들은 보통 자기를 중심으로 생각하기 때문에 3명의 유아는 현재 놀던 대로 엄마놀이를 계속할 가능성이 높아요. 이때 새로 온 아이는 친구들이 자신을 안 끼워줬다고 오해를 하게 되지요. 즉 타인에게 상처를 줄 마음이나, 친구를 놀이에 안 끼워줄 의도가 없었음에도 갈등과 오해가 생길 수밖에 없는 거예요.

부모가 이와 같은 또래 갈등이나 형제 갈등을 돕기 위해서는 두 가지를 유의할 필요가 있습니다. 첫째, 부모가 문제를 해결해주는 데 초점을 맞추지 말고 아이가 타인의 입장과 감정이 어떨지 생각해볼 수 있도록 질문해야 합니다. 둘째, 되도록 두 사람의 입장이 모두 존중될 수 있는 협의의 과정을 경험하도록 도울 필요가 있습니다.

좀 더 구체적으로 설명해볼게요. 또래 갈등이나 형제 갈등에서 부모가 반응하는 방식에는 크게 세 가지 유형이 있습니다. 싸우는 두 사람에게 모두 벌을 주는 '패-패', 잘잘못을 가려주는 '승-패', 마지막으로 양측의 의견을 존중하는 '승-승'이에요.

예를 들어 동생이 형에게 장난감을 빌려달라고 했는데 형이 빌려주지 않았고, 화가 난 동생이 형의 장난감을 빼앗아 형이 동생을 때렸다고 가정해볼게요. 이 경우 동생은 형이 자신을 때린 데 집중하고 형은 동생이 자신의 장난감을 빼앗은 데 집중해서 말할 겁니다. 이때 부모가 **"너희 둘 다 싸울 거면 놀지 마!"**라고 말한다면 둘 다 벌을 받는 '패-패'의 상황이 됩니다. 또는 **"동생을 때리면 돼, 안 돼?"**라며 때린 형을 패로 만들거나 **"네가 형을 화나게 하니까 그렇지!"**라며 동생을 패로 만들 경우 '승-패'인 해결이 되고요.

하지만 '패-패'나 '승-패'의 경우 아이들의 마음에는 불만과 분노가 생길 수 있습니다. 또 승패를 가리는 부모로부터 재판을 받은 기분이 들어 문제가 생길 때마다 부모에게 이르는 행동을 반복하게 되지요. 따라서 부모는 자기중심적으로 말하는 아이들의 말을 다시 정리해서 말해줌으로써 아이가 타인의 마음을 들을 수 있도록 돕는 것이 현명해요. 이후 각자의 입장을 들은 아이들이 서로 '승-승'이 될 수 있도록 합리적인 대안을 찾게 도움을 주는 것이지요. 이를 윈윈 대화법이라고 합니다. 예를 들어 **"형이 장난감을 빌려주지 않아 속상했구나." "놀이가 끝나지 않아 빌려줄 수 없었는데 동생이 기다**

리지 않고 빼앗아서 화가 났구나." 하고 말하는 겁니다. 그다음 "그럼 어떻게 할까? 엄마는 너희 둘 다 즐겁게 놀이를 하기 바라는데 어떤 방법이 있을까?"라고 질문함으로써 아이들이 스스로 '승-승'의 방법을 찾을 수 있도록 도움을 주는 거예요.

사회성이란 아이가 자신의 감정이 무엇인지 알고 적절히 표현할 수 있고, 타인의 감정을 알고 서로 협의할 수 있는 능력을 말합니다. 갈등은 무조건 나쁜 것이 아니라 자기중심적인 아이가 타인의 감정을 알아가는 과정이 될 수 있어요. 부모가 갈등을 해결해주는 데 집중하기보다 타인의 감정을 인식할 수 있는 대화를 지속적으로 시도한다면 우리 아이도 타인을 존중하며 협의할 줄 아는 지혜로운 사람으로 자랄 겁니다.

퀄리티타임 6

놀이로 행복 짓기

놀이를 빼놓고 양육을 말할 수는 없어요

아이들을 보면 자주 떠오르는 생각이 있습니다. '노는 게 그렇게 좋을까?' 실제로 아이들의 놀이욕구로 인해 생기는 생활 속 일화가 굉장히 많아요. 예를 들어 아이들은 놀이를 하다가 잠이 드는 경우가 비일비재합니다. 깜빡 졸다가 갑자기 "나 아직 다 못 놀았단 말이야!"라며 투정을 부리지요. 이건 부모에게 부리는 짜증이 아니라 '잠'에게 진 자신에게 화가 나서 부리는 짜증입니다. 또 신나게 노는 도중에 부모가 밥을 먹으라고 하면 화를 내는 경우도 다반사이지요. 부모는 놀이보다 밥이 중요하지만 아이는 밥보다 놀이가 더 중요하거든요. 밥이 자신의 놀이를 방해했다는 생각에 화가 나는 겁니다. 스스로 배변을 잘 가리는 아이가 놀이를 하다 바지에 실수를 하는 경우도 유아기에는 매우 흔하고요. 놀이에 집중하느라 잊어버렸나 싶어 부모가 "쉬 마려우면 쉬하고 와서 놀자."라고 말을 해줘도 소용이 없어요. 다리를 비비 꼬는 모습이 분명 급하게 화장실을 가야 하는 상황인데, 그럼에도 아이는 "아니야. 쉬 안 마려워." 라고 거짓말을 하거든요. 이 정도면 아이들에게 놀이는 수면, 식사, 배변과 같은 인간의 기본적인 욕구보다 강한 힘을 가진 것이 분명합니다.

아이가 좋아하는 놀이는 따로 있다

부모가 꼭 알아야 할 놀이에 대한 비밀이 한 가지 더 있습니다. 바로 '놀이'에 대한 정의와 의미예요. 아이는 누군가 가르쳐주거나 정해준 활동은 놀이라고 생각하지 않아요. 그것이 꽤 신나고 재미있는 활동이라고 해도요. 예를 들어 아이가 비눗방울 장난감을 스스로 선택해서 자신이 원하는 방식대로 시도하고 놀았다면 그것은 진짜 놀이예요. 하지만 선생님이 비눗방울 장난감을 꺼내 불어주고, 아이에게 떨어지는 비눗방울을 터트리게 지도했다면 그것은 놀이가 아닌 활동입니다. 즉 같은 비눗방울 놀이도 누가 선택해서 어떤 방법으로 놀 것인지를 계획했느냐에 따라 놀이가 될 수도 있고, 안 될 수도 있습니다. 따라서 아이 스스로 '잘 놀았다.'라는 생각이 들기 위해서는 **놀이의 목표가 뚜렷하지 않고, 융통성이 있고, 아이 스스로 주도성을 가질 수 있어야 해요.** 만약 부모가 아이의 놀이에 대한 욕구와 의미를 제대로 이해하지 못한 상태라면 원활한 소통을 하기란 쉽지 않을 겁니다.

7세 진혁이는 오전 정규반으로 영어유치원에 다닙니다. 오후 3시에 하원을 하고 돌아오면 영어유치원에서 배우지 못한 활동을 보충하고자 단과학원에 다녀요. 엄마는 나름 진혁이의 놀이욕구를 해결해주고자 최대한 놀이 중심으로 일정을 짰습니다. 신체놀이를 위해 인라인스케이트를 타고 축구를 했으며, 창의력놀이를 위해 미술을 했고, 사고력놀이를 위해 놀이수학과 놀이과학 등을 일정에 포함시켰지요. 엄마는 단지 진혁이가 매일 푸는 한글 학습지만 공부라고 생각했어요. 그런데 도대체 무엇이 문제인지 저녁시간만 되면 진혁이와 엄마의 갈등은 깊어졌습니다.

엄마: 오늘 영어 숙제 없어?

진혁: (반응 없이 엄마의 휴대폰을 본다.)

엄마: 영어 숙제랑 학습지랑 빨리 하면 1시간 안에 할 수 있잖아. 얼른 가져와.

진혁: 안 해. 왜 또 공부를 해? 나 오늘 하나도 못 놀았다고!

엄마: 미술학원도 가고, 인라인스케이트도 타면서 실컷 놀았는데
뭘 못 놀아?
진혁: 그건 논 게 아니야!

엄마는 진혁이의 못 놀았다는 말을 크게 중요하게 생각하지 않았어요. 단지 학습지와 영어유치원의 숙제를 하기 싫어서 대는 핑계라고 생각했지요. 못 놀았다는 말은 늘 하는 습관적인 말인 줄 알았습니다. 공부라고는 하루 3쪽에 불과한 한글 학습지가 다인데 벌써부터 이렇게 공부를 싫어하다니. 엄마의 걱정은 쌓여만 갑니다.

반복되는 진혁이와 엄마의 갈등을 해결하기 위한 방법은 오직 한 가지입니다. 서로 다른 공부와 놀이의 개념을 하나로 통일시키는 것이지요. 엄마는 책상에 앉아 몰두해서 푸는 한글 학습지만을 공부라고 생각하고 있어요. 하지만 진혁이는 단과학원에서 활동하는 인라인스케이트, 축구, 미술, 놀이수학, 놀이과학도 모두 공부라고 생각해요. 왜냐하면 자신이 선택할 수 있는 것도 아니고, 마음대로 할 수 있는 것도 아니니까요. 단지 선생님이 계획한 커리큘럼에 맞춰 배우고 왔기 때문에 자신은 열심히 공부했다고 생각한 겁니다. 오전에 영어유치원에 갔다가 오후에 단과학원까지 가서 열심히 공부하고 왔는데, 엄마가 집에 와서도 학습지를 하라고 하니 '또'라는 말이 절로 나올 수밖에요. 이렇게 각자 다른 개념으로 말을 하고 있으니 소통이 될 리 만무합니다.

분명한 사실은 아이들의 놀이 개념과 의미, 욕구는 변하지 않는다는 거예요. 이건 세상 모든 아이들의 공통적인 생각이고 본능적인 욕구거든요. 그러니 아이와의 갈등을 해결하기 위해서는 부모가 아이의 놀이에 대한 의미와 욕구를 있는 그대로 인정해주는 것이 현명해요. 위와 같은 상황이라면 이렇게 말하는 거예요. "영어유치원 갔다가 축구까지 하느라 힘들었지? 마음대로 놀고 싶은데 놀지 못해서 짜증이 났겠구나. 그렇다고 매일 해야 할 학습지를 미루게 되면 주말에 한꺼번에 해야 해서 네가 더 힘들 텐데 어쩌지? 오늘 학습지는 엄마가 옆에서 좀 도와줄까?"라고요.

만약 아이와 타협이 되지 않는다면 근본적인 문제의 원인을 해결해보고자 노력하는 것이 좋습니다. 여기서 근본적인 문제란 일주일 동안 아이의 놀이시간이 충분히 확보되지 못하고 있다는 거예요. 이럴 때는 아이와 함께 덜 중요한 활동을 줄이기 위해 타협할 필요가 있습니다. "엄마가 보니 진혁이가 노는 시간이 부족하다고 생각하는 것 같아. 놀이시간을 확보하기 위해 좀 덜 중요한 단과 수업을 정리해볼까? 넌 어떤 수업을 빼는 것이 좋을 것 같니? 물론 네가 놀이시간을 갖는 것보다 다시 그 수업에 참여하고 싶은 마음이 더 커지면 언제든 바꿀 수 있어. 하지만 지금은 일단 조정이 필요한 시점인 것 같아. 진혁이 생각은 어때?" 부모가 자신의 놀이욕구를 충족시켜주기 위해 열린 마음으로 다가갈 때, 비로소 진정한 퀄리티타임이 이루어질 수 있습니다.

아이를 잘 키우기 위해서는 무엇보다 타이밍이 중요해

10년 후 내 아이가 청소년 정도의 나이가 되었다고 상상해보세요. 10년 후 나는 아이를 양육함에 있어 어떤 점을 가장 많이 후회할 것 같나요? 주변에서 많은 선배 부모들이 "이때 많이 놀아줘야 해." "다 때가 있더라." "애가 내가 들어오면 나가고, 내가 나가면 들어와." "방문 꼭 닫고 하루 종일 나오질 않아."라고 하는 말을 한 번쯤 들어봤을 겁니다. 그러면서 꼭 한마디씩 덧붙이는 말이 있지요. "내가 아이 어렸을 때 더 많이 놀아줬어야 하는데, 그땐 몰랐지." "마음의 여유가 없어서 많이 놀아주지 못했어."라고요. 자녀를 어느 정도 양육한 선배 부모들이 가장 많이 하는 후회 중 하나가 바로 '아이와의 놀이'입니다.

아이를 잘 양육하기 위해서는 타이밍이 중요합니다. 아이가 내 옆에 있고 싶어 할 때 부모의 따뜻한 품으로 훅 당겨줘야 해요. 아이가 내 옆이 아니라 세상을 탐색하고 싶어 할 때는 의심 없이, 걱정 없이 팍팍 밀어줘야 하고요. 하지만 대부분 우리 부모들은 거꾸로 하는 경우가 많습니다. 아이가 부모를 필요로 하는 영유아기 때는 빨리 어린이집에 보내고 싶어 하고, 아이가 세상으로 나아가고 싶어 하는 청소년기에는 "빨리 들어와라." "엄마랑 대화 좀 하자."라며 붙잡지요. 현재 아이의 나이가 아직 어리다면 아이가 나에게 함께 놀 수 있는 기회를 준 것인지도 몰라요. 만약 이 책을 읽고 계신 분들의 자녀가 만 10세 이하라면 늦지 않았어요. 아직 아이는 부모와 함께하는 시간이 가장 소중하거든요.

아이는 무엇보다 놀이를 원합니다. 놀이로 소통하고 싶어 하고, 놀이로 성장하길 바라지요. 놀이상담사와 한두 번 놀이를 했다고 7~8년 애지중지 키운 부모보다 놀이상담사의 말을 더 잘 듣는 경우도 종종 있습니다. 그 이유는 아이와 마음이 통하는 놀이를 했기 때문이에요. 그러니 아이가 부모의 말을 잘 듣고 존중해주길 바란다면 놀이에 대한 공부가 필요합니다.

아이와 함께하는 놀이의 중요성은 강조하고 또 강조해도 부족할 정도입니다. 이미 수많은 연구에서 밝혀진 것처럼 잘 노는 아이가 창의적이고 문제해결능력이 탁월합니다. 언어와 인지발달 등에 우수함을 보이지요. 잘 노는 아이의 집중력은 시간이 지나 학습 집중력으로 연결되고요. 놀이에서 유능함을 보이는 아이는 사회성이 높고 또래로부터 인기가 많아요. 이것이 바로 놀이를 빼놓고는 결코 좋은 육아를 말할 수 없는 이유입니다.

아이는 휴대폰보다 부모를 더 좋아해요

요즘 아이들의 놀이 문화는 디지털 미디어를 빼놓고는 말할 수가 없습니다. 특히 코로나19 바이러스가 세계를 뒤흔든 이후 아이들은 자연스레 미디어 콘텐츠와 좀 더 많은 접촉을 하게 되었어요. 바깥놀이와 또래와의 만남이 제한된 상황에서 학교까지 가지 않으니 혼자 보내야 할 시간이 너무 길어졌거든요. 또 주변을 둘러봐도 대부분 외동이 많잖아요. 부모는 바쁘고, 놀이 대상은 없으니 미디어 콘텐츠가 아이들의 친구가 된 것이지요. 게다가 이 미디어 친구는 아이들의 마음을 너무 잘 알아요. 아이들이 좋아하는 주제, 매력적인 캐릭터, 아이들의 집중시간을 고려한 빠른 움직임과 신나는 음악까지. 아이들의 마음을 빼앗는 요소는 다 갖고 있지요. 노출이 되면 될수록, 많이 보면 볼수록 미디어 콘텐츠에 마음을 뺏기지 않을 아이는 거의 없을 거예요.

미디어에 현혹된 아이는 사회적 기술을 배우지 못해

일단 한 번 미디어 콘텐츠를 가장 재미있고 친밀한 친구로 인식해버린 아이는 미디어 콘텐츠를 제외한 그 어떤 놀이에도 흥미를 느끼지 못하게 됩니다. 미디어 친구는 아이에게 심심할 틈을 주지 않거든요. 이 말은 곧 생각할 틈을 주지 않는다는 말과 같아요. 굳이 '무엇을 할까?' '어떻게 될까?' 스스로 생각하지 않아도 재미있는 이야기가 쏟아져 나오고 문제가 술술 해결되니까요. 점점 아이는 혼자 고민하고, 다양하게 적용하고, 실수해보고, 수정해보는 경험을 하고 싶어 하지 않게 됩니다. 이것이 미디어 콘텐츠에 많이 노출된 아이일수록 기관에서 선생님이 제시하는 놀이에 집중하지 못하는 이유입니다. 기관에서 선생님이 제시하는 놀이와 과제는 대부분 혼자 생각하고 혼자 문제를 해결해야 하거든요. 미디어의 일방향 정보에 익숙해지면 자기주도적으로 생각하는 것이 불편하고, 낯설고, 귀찮은 것이 당연하지요.

또 미디어를 자신의 가장 좋은 친구라고 생각하는 아이들은 사람과의 놀이를 거부해요. 다른 사람과 함께 놀이하기 위해서는 기다리고, 양보하고, 협동하는 사회적 기술이 필요하거든요. 하지만 미디어 친구는 아이에게 기다림이나 양보, 협동 등을 요구하지 않습니다. 스스로 조절할 필요가 없는 그야말로 자유로운 시간이지요. 이렇게 나눔, 기다림, 배려, 양보, 협력, 공감과 같은 사회적 기술을 경험하지 못한 아이는 점차 사회부적응의 모습을 보이게 됩니다. 주변에서 사회부적응이라는 낙인과 편견의 반응을 받은 아이는 점점 더 사회로 나아가지 못하고 고립될 가능성이 높아지고요.

이 정도면 소중한 내 아이에게 '남들도 다 주니까.' '공공장소에서 피해 주지 말아야 하니까.' '부모도 살아야 하니까.' 등의 이유로 휴대폰을 손에 쥐어 줬던 양육 태도를 재고해야 하지 않을까요? 또 겉으로 보기엔 아이들이 미디어 친구를 진짜 좋아하는 것 같지만 그렇지 않습니다. 사실 우리 아이는 부모와의 놀이를 더 기대하고 그리워하거든요. 초등학교 저학년 이하의 아이라면 이것은 100% 진실이에요. 왜냐하면 부모와의 긍정적 관계 형성은 아이의 본능적인 생존욕구이기 때문입니다. 미성숙한 아이에게 부모의 관심과 사랑보다 더 큰 욕구는 없으니까요. 만약 아이가 부모와 노는 것보다 미디어와 노는 것을 더 좋아하는 것 같아 보인다면 그것은 부모와 노는 것 자체가 싫은 것이 아닌, 부모가 놀아주는 방법이 자신과 맞지 않는 거예요. 이미 아이의 마음은 부모에게 있기 때문에 부모가 조금만 노력하면 효과는 금방 나타날 겁니다. 부모가 놀이에 관심을 가지고 '부모-자녀' 놀이방법을 공부한다면 미디어에게서 내 아이의 마음을 뺏기지 않을 수 있습니다.

'휴대폰과의 전쟁'은 단계적으로 접근해야

미디어 콘텐츠 중 가장 큰 골칫거리는 바로 휴대폰입니다. 휴대하기 간편하기 때문에 언제 어디서든 사용이 가능하거든요. TV나 컴퓨터처럼 한 장소에서만 볼 수 있는 것이 아니기에 아이와 사용시간을 타협하기가 쉽지 않아요. 그래서 요즘 부모들은 이 요망한 물건과 생기는 아이와의 갈등을 **'휴대폰과의 전쟁'**이라고 표현합니다.

휴대폰과의 전쟁에서 승리하기 위해서는 체계적인 전술이 필요해요. 단계적으로 접근해야 하거든요. 단계적인 접근을 위해 먼저 아이들의 행동 특성을 6단계로 구분해보겠습니다. 각각의 상황에 적합한 효과적인 전략을 제시할 테니 활용해보시기 바랄게요.

1단계: 아이가 아직 휴대폰에 노출되지 않은 단계

부모의 뚝심 있는 교육관과 노력에 박수를 보내드립니다. 아주 잘하고 계시니 지금처럼 오래 유지될 수 있도록 노력해보세요. TV

는 정해진 시간에 보고 끄도록 하고, 휴대폰에는 최대한 늦게 노출될 수 있도록 미룰 수 있을 때까지 미루면 좋습니다. 아이가 휴대폰의 재미를 느끼기 전에 사람과의 놀이를 더욱 즐거워할 수 있도록 돕는 것이 중요해요. '부모-아이' '아이-친구' '아이-형제자매' 등 다양한 사람들과 어울려 놀이할 수 있도록 많은 기회를 제공해주세요. 또 스스로 좋아하는 놀이, 잘하는 놀이를 찾을 수 있도록 다양한 놀이를 제공해주는 것도 좋아요.

2단계: 휴대폰을 보긴 보지만 스스로 조작하지 못하는 단계

부모가 아이 앞에서 최대한 휴대폰을 많이 안 보고 안 쓰려고 노력하신 모양입니다. 부모가 스스로 휴대폰을 조절해서 사용하는 모습을 모델링하는 것이 아이의 휴대폰 중독을 막는 가장 중요한 조건이에요. 지금처럼 부모 스스로 휴대폰을 조절해 사용하면서 아이에게 언제 휴대폰을 사용할 수 있는 것인지, 어떤 목적으로 보는 것인지, 언제까지 사용할 수 있는 것인지 등을 설명해줄 필요가 있어요. 또 최대한 지금처럼 부모가 조작을 도와 서로 합의된 내용과 시간까지만 시청할 수 있도록 유도해보세요. 이때 중요한 것은 부모의 강압으로 통제하기보다 아이와 충분히 대화하고 합의를 통해 시청할 콘텐츠와 시간을 정하는 것입니다. 무엇보다 휴대폰 뿐만 아니라 세상엔 다양한 재미있는 놀이가 많음을 아이 스스로 경험할 수 있도록 도와야 해요. 아이가 약속한 콘텐츠를 다 보고 부모에게 휴대폰을 가져다줄 때는 칭찬과 함께 10분이라도 짧은 놀이를 함께해보세요. 아이는 미디어 콘텐츠의 재미보다 부모와 함께 놀이한 이 10분을 더 마음속 깊이 간직할 거예요.

3단계: 핸드폰을 조작할 수 있지만 통제 가능한 단계

이 단계는 아이의 연령에 따라 두 가지로 나눌 수 있어요. 첫째, 만 3세 이하의 어린 영아의 경우 통제가 가능하다는 것만으로 안심할 수는 없습니다. 이 연령의 영아는 스스로 자기조절능력이 형성되어 휴대폰을 끈 것이라 보기 어렵거든요. 아직은 부모의 관심과 지시가 절대적인 연령이기 때문에 통제에 따를 수는 있어요. 하지만 만약 아이가 부모가 끄라고 하면 잘 끈다고 안심하거나 내버려둘 경우 떼쓰기가 점점 심해질 수 있습니다. 따라서 점차 휴대폰 사용시간을 줄이고 부모와의 놀이나 바깥놀이, 자신의 신체를 활용한 놀이를 많이 경험해볼 수 있도록 도와야 합니다. 둘째, 만 3세 이상의 유아기나 아동기 아이가 부모와의 약속을 지키고 핸드폰을 끈다면 자기조절능력이 어느 정도 형성되어 있다는 의미입니다. '부모-자녀' 관계가 원활하고 아이가 부모의 지시를 잘 따르는 상황입니다. 이 경우 부모가 휴대폰 사용의 올바른 모델링을 보여주고, 언제 사용이 가능한지를 납득할 수 있을 만큼 잘 설명해줬을 가능성이 높아요. 또 아이와의 규칙을 일관적으로 잘 지켰을 가능성도 높고요. 이 상황이 그대로 유지된다면 큰 문제가 없으니 지금처럼 '부모-자녀' 간의 합의된 규칙을 만들고 실천하도록 도와주세요. 이때 가장 중요한 점은 남과 비교하지 않는 거예요. 부모도 다른 아이와 내 아이를 비교해서는 안 되고, 아이의 남과 비교하는 말을 수용해도 안 됩니다. '남들도 다 사주는데 나도 하나 사주지 뭐.'와 같은 타협은 지양하고, 부모의 일관적인 교육관을 계속 잘 유지해보시기 바랄게요.

4단계: 아이 소유의 휴대폰이 없어 휴대폰을 달라며 떼쓰는 단계

떼쓰기가 시작되었다는 건 아이가 휴대폰의 재미를 알아버렸다는 의미입니다. 즉 아이가 휴대폰에 자주 노출되었을 가능성이 높아요. 예를 들어 가족 외식을 갔을 때, 미용실에서 머리카락을 자를 때, 은행에서 부모가 일을 볼 때, 부모가 큰아이를 돌보느라 동생이 기다려야 할 때, 자동차 카시트에 앉아 있어야 할 때 등 일상의 많은 시간을 휴대폰에 할애했을 거예요. 아이가 휴대폰을 달라며 떼를 쓰는 단계라면 부모는 '경고등'이 울리고 있음을 얼른 직감해야 합니다. 지금이라도 **'무언가 잘못된 방향으로 가고 있구나.'**라고 알아차려야 해요. 그리고 **아이에게 쉽게 휴대폰을 쥐어주는 반복된 습관을 멈춰야 합니다.** 지금은 떼쓰고 우는 정도지만 곧 물건을 던질 수 있어요. 부모에게 소리 지르며 화를 낼 수도 있고요. 그러니 빨리 아이에게 휴대폰보다 더 좋은 친구를 만들어줘야 해요. 스스로 체험하는 진짜 놀이, 아이의 자존감이 올라가는 놀이, 아이가 칭찬받을 수 있는 놀이 등을 많이 경험하도록 도와주세요. 자세한 방법은 후술하겠습니다.

5단계: 휴대폰을 사준 지 얼마 되지 않아 규칙이 정해지지 않은 단계

만약 그래서 아이에게 휴대폰을 언제 사주는 것이 좋으냐고 물으신다면 저는 최대한 미루는 것이 좋다고 말씀드리고 싶습니다. 특히 최소한 아이들의 자기조절능력이 어느 정도 형성되는 초등학교 저학년 시기까지는 미루는 게 좋습니다. 만약 이미 아이에게 휴대폰을 사줬다면 올바른 휴대폰 사용 습관이 형성될 때까지 지속적으로 관심을 갖고 지켜봐야 합니다. 그렇다고 휴대폰을 사주자마자 모든 규칙을 한꺼번에 세우면 현실적으로 아이가 이것을 지키기란 쉽지 않습니다. 따라서 아직 휴대폰 사용에 대한 규칙이 명확히 정해진 상태가 아니라면 **정기적인 가족회의**를 진행해보시길 권해드려요. 아이의 올바른 휴대폰 사용을 위한 가족회의를 매주 진행하는 것이지요.

가족회의는 휴대폰 사용의 부작용 등을 부모의 잔소리가 아닌 가족의 공식화된 언어로 전달하기에 매우 효과적입니다. 또 일주일 동안 아이의 휴대폰 사용을 관찰하면서 그때그때 가족회의의 안건으로 제시할 수 있기 때문에 더욱 실제적이지요. 이 과정에서 휴대폰 사용으로 인한 문제점을 뉴스, 기사 등을 통해 제시함으로써 아이가 납득할 수 있는 차원의 예방 규칙을 미리 만들 수 있습니다.

무엇보다 아이가 가족회의의 일원으로 직접 참여해서 만든 규칙이기 때문에 아이 스스로 규칙을 더 잘 지키려 노력하고요.

6단계: 아이 소유의 휴대폰이 있고 휴대폰 갈등이 심한 단계

'부모-자녀' 관계에서 휴대폰 갈등이 심각한 상황이라면 아이는 이미 휴대폰에 중독되어 있을 가능성이 높습니다. 이 경우 무조건 부모가 휴대폰을 뺏거나 없애버리고 야단친다면 오히려 '부모-자녀' 관계가 나빠질 수 있어요. 이럴 때는 아이가 휴대폰을 사용하는 목적을 정확히 파악해보는 것이 좋아요. 예를 들어 아이가 휴대폰을 주로 또래와 소통의 도구로 사용하는지, 게임을 하는지, 음악 감상이나 기타 취미를 위해 사용하는지 알아보는 거예요. 아이 행동의 원인을 알아야 효과적으로 도움을 줄 수 있거든요.

만약 또래와 소통의 도구로 사용한다면 아이와 함께 친구와 직접 만나서 대화하는 방식과 휴대폰으로 소통하는 방식의 장단점을 이야기해보세요. 이 과정을 통해 자연스레 또래와 직접 만나서 대화하고 노는 즐거움을 경험하도록 돕는 것이지요. 만약 아이가 휴대폰을 주로 게임을 하는 데 사용한다면 부모도 아이의 게임에 관심을 갖는 것이 필요해요. "게임의 이름이 뭐니?" "어떻게 하면 이 게임을 잘하게 되니?" "넌 이 게임의 어떤 점이 재미있니?"라고 묻는 거예요. 아이의 관심사에 부모가 진짜 관심을 가져줄 때, 비로소 아이는 조금씩 마음의 문을 열고 부모와 솔직한 대화를 하게 될 테니까요. 마지막으로 휴대폰을 음악 감상이나 기타 취미를 위한 용도로 사용한다면 아이는 자신을 발견하기 위해 열정을 가지고 몰입하는 중이라고 할 수 있어요. 이 경우 야단을 치기보다는 어떤 음악을 듣는지, 왜 이 음악이 좋은지 등을 묻는 것이 좋아요. 휴대폰으로 음악을 주로 듣는다면 피아노, 기타 등 실제 악기를 다뤄볼 수 있는 기회를 제공해주세요. 아이의 관심이 자신의 장기나 잠재능력을 계발하는 경험으로 확장될 수 있을 겁니다.

'휴대폰 없는 날'을 정해 아이와 놀아주자

EBS 〈다큐 시선〉 '플라스틱 없이 살아보기' 편을 본 적 있으신가요? 방영 당시 책으로도 출판될 만큼 반응이 뜨거웠지요. 배달음식이 대세인 요즘 시대에 플라스틱 없이 살기란 결코 쉽지 않습니다. 배달음식을 한 번만 시켜 먹어도 플라스틱 용기가 여러 개 나오잖아요. 플라스틱이 환경을 훼손한다는 것은 알지만 그 편리함과 익숙함을 내려놓을 수 있는 사람은 많지 않지요. 깔끔하고, 위생적이면서 안에 있는 내용물의 훼손을 방지해주니 참 편리하긴 합니다. 우리가 잘 살기 위해 사용하는 플라스틱이 우리의 환경과 삶, 미래를 죽이는 아이러니한 상황입니다.

아이들에게 휴대폰을 허락하는 상황도 다르지 않아요. 휴대폰은 참 편리하거든요. 가지고 다니기에도 좋고, 울고 있는 아이를 달래기에도 매우 용이하지요. 휴대폰만 있으면 기다리기 힘들어하는 아이, 식사할 때 돌아다니는 아이, 이발을 두려워하는 아이, 한시도 가만 있지 못하는 아이를 큰 노력 없이 진정시킬 수 있거든요. 부모가 직접 동화를 읽어주지 않아도 옛날이야기를 들려주고, 부모보다 훨씬 좋은 발음과 재미있는 구성으로 영어를 가르쳐주기도 합니다. 하지만 그 편리함과 익숙함의 이면에 어떤 단점이 도사리고 있는지 우리는 잘 알고 있습니다. 휴대폰에 빠진 아이는 점점 부모와 멀어지게 되고, 말을 듣지 않게 되며, 자기조절능력을 키우지 못한다는 것을요.

이제 일주일에 단 하루라도 '휴대폰 없는 날'을 정해 오로지 아이와 함께하는 날을 만들어보면 어떨까요? 물론 이날은 부모도 최대한 휴대폰 사용을 자제해야겠지요. 아이와 함께 공원에 나들이를 가도 좋아요. 평소 안전벨트를 매줄 때 떼쓰지 말라며 휴대폰을 함께 주었다면 이날만큼은 아이와 창밖의 풍경이나 사람들의 모습을 관찰하는 거예요. 〈시장에 가면〉 노래를 활용한 언어놀이를 변형해 '거리에 가면'으로 놀이해볼 수도 있겠지요. 외식을 하러 나갈 계획이라면 어른들이 식사를 마칠 때까지 아이가 가지고 놀 작은 놀잇감을 챙겨가는 것도 좋은 방법이 될 수 있고요. 부모가 술래잡기, 같은 모양의 나뭇잎 찾기, 자갈 높이 쌓기, 주변의 자연물로 요리하기 등을 통해 아이와 잘 놀아준다면 어느새 우리 아이도 휴대폰을 찾는 날이 점점 줄어들 겁니다. 이 책을 읽는 모든 부모님과 아이들을 응원합니다.

'잘 놀기'보다 중요한 '잘못 놀지 않기'

잘 노는 게 무엇인지 한마디로 설명하기란 매우 어렵습니다. 이런 경우 보통 반대의 개념을 생각해보는 것이 현명해요. 예를 들어 '건강하기'를 삶의 목표로 정한 사람이 있다고 가정해봅시다. 어떻게 하면 건강할지 방법을 찾으려면 정보가 너무 방대하고, 어느 관점에서 보느냐에 따라 방법이 갈릴 수 있어요. 그러나 반대의 개념을 생각하면 최우선 과제를 쉽게 떠올릴 수 있습니다. 예를 들어 '아프지 않기' '건강을 해치는 음식을 피하기' '스트레스 받지 않기' 등이 될 수 있겠지요. 아이와 잘 노는 것도 마찬가지입니다. '어떻게 하면 잘 놀까?'를 고민하기보다 '잘못 놀지 않기'를 실천하려고 노력하는 것이 우선이에요.

현장에서 '부모-자녀' 놀이를 관찰하면 종종 부모가 아이와 잘 놀아주고 싶은 마음이 과해 오히려 독이 되는 경우를 보게 됩니다. 그동안 현장에서 다양한 '부모-자녀' 놀이를 분석한 결과, 놀이에 방해가 되는 부모의 좋지 못한 반응은 다음의 열다섯 가지로 구분되었습니다.

놀이에 방해가 되는 부모의 좋지 못한 반응 유형

1. 경쟁형 반응

아이와 게임을 하며 "내가 이겨야지." "내가 더 빨리 해야지." 하고 말하거나, 아이를 이긴 다음 "내가 이겼다!" 하고 반응하는 경우입니다. 주로 신체놀이나 보드게임 등 승패가 있는 놀이에서 많이 나타나지요. 부모가 놀이에 임할 때 즐거움이 목적이 아닌 이기고 지는 식의 경쟁적 태도를 보인다면, 아이도 즐거움보다는 이기는 것을 목적으로 놀이를 할 수 있어요. 무엇보다 아이는 억울할 수 있습니다. 왜냐하면 부모는 이미 능력이나 경험에서 아이보다 앞서 있거든요. 출발선이 다르다는 거죠. 그런데 부모가 배려 없이 아이와 같은 선에서 경쟁하는 태도를 보이면 아이는 '흥! 무슨 엄마가 저래?' 하고 생각할 수 있어요. 관계에서 신뢰가 깨질 수 있으니 주의가 필요합니다.

2. 교사형 반응

놀이를 할 때 "빨강색 어디 있어?" "구급차는 어떤 거야?" "불은 누가 꺼?" 이렇게 아이가 아는지 모르는지 확인하는 부모들이 있어요. 주로 3~4세 부모는 명칭, 색깔, 도형, 숫자 등을 묻고, 5~7세 부모는 "애플(Apple)이 어디 있지?" "서클(Circle)을 찾아보자." 하며 외국어를 아는지 모르는지 묻습니다. 이 경우 아이에게 놀이는 즐거움이 아니라 학습처럼 느껴지고, 자꾸 맞는지 틀리는지 확인하니까 시험을 치는 기분이라 부담을 느끼게 됩니다. 나중에는 아이가 부모를 놀이에 끼워주지 않게 될지도 모릅니다.

3. 눈치형 반응

아이와 함께 놀이하면서 "엄마가 이거 만져도 돼요?" "엄마, 앉아도 돼요?" 하고 눈치 보며 아이에게 허락을 구하는 부모들이 있어요. 평소 아이 마음을 많이 존중하는 부모들이 주로 보이는 반응이지요. 하지만 지나친 존중은 아동을 이기적으로 혹은 자기중심적으로 만든다는 사실을 잊지 말아야 해요. 기관 친구들은 놀면서 아이한테 허락을 구하지 않거든요. 가정과 기관에서 경험하는 상반된 반응에 아이가 혼란스러울 수 있다는 점 기억하세요.

4. 장난형 반응

놀이를 장난으로 오해하는 부모들이 있어요. 심지어 아이의 놀이를 방해하는 경우도 있지요. 예를 들어 아이가 놀이를 하고 있으면 뒤에서 깜짝 놀라게 하거나 갑자기 무섭게 굽니다. 아이가 무언가 잡으려고 하면 일부러 못 잡게 팔을 뻗어 높이 올리는 등 아이의 마음과 기대에 반대로 반응하고요. 아이는 자신의 놀이를 방해하는 부모의 행동이 재미없을 뿐만 아니라 때로는 화가 납니다. 아이가 부모의 장난에 화를 낸다면 놀이에서 별로 좋지 못한 모델링을 보여주고 있다는 뜻입니다.

5. 방임형 반응

때로 아이들은 놀면서 위험한 도전을 하기도 하고, 흐트러진 모습이나 옳지 못한 행동을 하기도 해요. 이때 부모는 아이가 안전하게 놀 수 있도록, 놀이 도중에도 예의 바른 태도를 갖도록 중재할 필요가 있습니다. 하지만 방임형 부모는 아이가 높은 곳에 올라가도 '호기심이 많은 아이인가?'라고 생각해요. 아이가 혼자 놀이 공간을 다 차지해도 내버려두고요. 아이가 장난감을 던져도 부모가 주워주는 등 중재를 하지 않는 경우가 있지요. 보통 이런 부모들은 육아서에서 본 '아이에게 부정적인 말을 많이 하지 마라.'라는 말을 잘못 이해한 경우가 많아요. 아이가 문제행동을 보여도 '내가 그냥 한 번 치워주면 되는데 굳이 노는 애한테 정리하라고 할 필요가 있겠어?'라고 생각하거나 '잘 노는 애를 괜히 혼내서 기분 상하게 할 필요 없지.'라고 생각합니다. 아이와의 갈등 상황을 회피하고 싶은 부모들에게 많이 나타나는 반응인데요. 이는 아이에게 매우 위험한 반응입니다. 아이는 놀이가 생활이고, 놀이 속에서 자기조절능력을 키우는 연습을 해야 하기 때문입니다.

6. 소극형 반응

"엄마는 모르잖아." "엄마는 그림 못 그려." "엄마는 못 만들잖아." "엄마는 이거 잘 못해." "엄마는 해본 적 없어." 이렇게 아이와의 놀이에서 소극적인 태도로 임하는 부모들이 있습니다. 부모가 소극형 반응을 보이는 이유는 크게 두 가지입니다. 첫 번째는 눈치형 반응을 보이는 부모처럼 놀이에서 아이를 존중해주기 위해 일부러 부모 자신을 낮추는 경우예요. 두 번째는 부모가 놀이를 해본 경험이 부족해서 정말 놀이에 자신이 없는 경우입니다. 놀이에서 부모가 지나치게 소극적일 경우, 아이는 부모를 무시하거나 신뢰하지 못해 부모의 말을 잘 듣지 않는 결과를 낳을 수 있습니다. 또 놀이에서는 아이를 높여주고, 일상생활에서는 지시하고 통제할 경우 아이가 부모의 비일관적인 태도에 혼란스러울 수 있어요. 부모 자신을 낮추는 것이 꼭 아이를 높이는 결과를 가져오지는 않는다는 점을 기억해야 해요.

7. 부탁형 반응

"블록으로 동물원 좀 만들어 줘." "엄마, 공룡 좀 갖다 줄래?" 이렇게 아이에게 자꾸 부탁을 하는 경우입니다. 물론 놀이 상황에서 아이는 요리사, 부모는 손님이라 주문을 해야 할 때도 있어요. 이는 자신의 역할에 적합한 상호작용이기 때문에 매우 좋은 반응이에요. 여기서 말하는 좋지 못한 부탁형 반응이란 엉덩이가 무거운 경우를 의미합니다. 부모가 직접 꺼내줘야 하거나, 부모 자신이 필요한 것이 있어도 자리에서 거의 움직이지 않는 거예요. 오히려 필요한 것을 아이한테 요구하지요.

이런 부탁형 반응도 두 가지 이유가 있어요. 첫 번째는 다양한 놀이 상황에서 어떻게 적절하게 반응을 해줘야 할지 몰라 아이에게 일임하는 경우입니다. 두 번째는 정말 부모가 게으른 성향이라 상대에게 부탁하고 요구하는 것이 습관화된 경우인데요. 부탁형 반응의 부모와 놀이를 한 아이는 적절한 상호작용의 반응을 경험하지 못해서 놀이를 해도 즐겁게 논 것 같지 않거나, 자신의 놀이가 방해받은 느낌을 받을 수 있어요. 부모의 지나친 부탁으로 진행된 놀이는 아이의 심신을 힘들게 할 수 있습니다.

8. 수발형 반응

아이와의 놀이가 어렵거나, 아이의 놀이를 방해하고 싶지 않은 경우 놀이 내내 아이의 수발을 드는 부모들이 있습니다. 아이가 놀면 부모는 정리하고, 아이가 필요한 것을 요청하지 않아도 미리 챙겨서 가져다주기도 합니다. 아이는 놀이를 통해 정리하는 습관을 기르고, 스스로를 조절하고, 놀이 상대의 감정을 읽고 조율하는 기회가 필요합니다. 일방적으로 부모가 수발을 드는 반응은 결코 바람직하지 않아요.

9. 통제형 반응

통제형 반응의 부모는 아이와 놀이를 함께하고자 하는 의욕은 넘쳐요. 하지만 의욕이 너무 지나친 나머지 "우리 이거 해볼까?" "엄마처럼 멀리 던져보자. 더 멀리." "이 자동차는 이쪽으로 가야 할 것 같은데?" 하면서 부모가 놀이를 주도하고 아이에게 지시하는 모습을 보입니다. 예를 들어 부모가 하고 싶은 보드게임을 꺼내고, 부모가 놀잇감을 세팅해주고, 부모가 설명서를 읽은 후 놀이 순서와 방법을 가르쳐주고, 부모가 진행자 겸 참여자가 되어 놀이를 주도하는 식이지요. 즉 놀이 선택, 탐색, 방법 등을 모두 혹은 그중 몇 가지를 부모가 주도하면서 아이에게 가르치는 겁니다. 이렇게 부모의 규칙대로 놀이를 하고 통제하면 아이는 재미있게 놀았다는 느낌을 받지 못할 뿐만 아니라, 누군가를 통제하고 지시하는 경험을 많이 학습한 나머지 또래와의 놀이에서도 친구를 통제하고 억지로 끌고 가려는 모습을 보일 수 있어요.

10. 과한 칭찬형 반응

놀이에서 적절한 격려와 칭찬, 응원은 아동의 놀이를 더욱 즐겁게 만들고 놀이시간을 길게 유지하도록 하는 데 효과적이에요. 또 아이와의 관계를 긍정적으로 형성할 수 있어 이상적인 부모 반응에 해당합니다. 하지만 부모가 아이의 놀이를 지켜만 보며 "우리 아들 똑똑하네." "잘 만드네." 하고 지나치게 자주 칭찬하거나, 결과 위주로 칭찬할 경우 오히려 부정적인 결과를 낳을 수 있어요. 예를 들어 과한 칭찬형 반응을 많이 받은 아이는 쉬운 놀이, 자신이 잘하는 놀이, 칭찬받을 만한 놀이만을 찾을 수 있습니다. 또 자신 없는 놀이에서는 반칙을 하거나 포기를 하는 등 부정적인 모습을 보일 수 있고요.

11. 지나친 친절형 반응

안전한 공간에서 스스로 자유롭게 놀이할 수 있는 연령임에도 불구하고 아이를 너무 아기 취급하며 "우리 아기, 신났네." 하고 무릎에 앉혀놓거나, 부모가 필요한 것을 다 해주는 등 지나치게 친절한 반응을 보이는 경우가 있어요. 예를 들어 밥 먹을 때 흘리고 먹을 것을 걱정해서 부모가 밥을 다 먹여주는 것처럼, 놀이를 할 때도 아이가 옷에 지저분한 것을 묻힐 것을 염려해서 스스로 자유롭게 탐색할 자유를 주지 않는 것이지요. 부모가 직접 시범을 보이며 아이는 보기만 하도록 하는 거예요. 또 아이가 요구하지 않았음에도 아이의 작품이 더 멋있어지도록 부모가 손을 잡고 같이 그림을 그리는 경우도 있어요. 이렇게 과도한 친절은 오히려 아이를 버릇없이 자라도록 하거나, 성인이 되어서도 의존적으로 만들 수 있어요. 게다가 경험 부족으로 어떤 일에 도전하는 데 두려움을 겪거나, 상대의 작은 실수도 용납하지 않고 과한 요구를 하는 등 사회부적응의 모습을 야기할 수 있습니다.

12. 무기력형 반응

아이가 놀이를 하는데 하품을 하거나, 핸드폰을 보거나, 자리를 이탈하거나, 침묵하거나, 반응을 보이지 않는 등 무기력형 반응을 보이는 부모들도 있어요. 사실 지금까지 소개한 반응 유형들 중 가장 안 좋은 유형에 해당합니다. 아이에게 놀이는 소통의 통로입니다. 잘 몰라도, 능숙하지 못해도 부모가 아이와 놀이를 할 때 열정과 노력을 보여주는 것이 가장 중요하다는 것을 잊지 마세요.

13. 비난형 반응

반복해서 강조한 것처럼 놀이의 최대 목적은 즐거움이에요. 즐거워야 하는 놀이 상황에서 계속 "그거 애기가 노는 장난감 아니야." "넌 꼭 그러더라." 하고 지적받고, 비난받는다면 과연 즐거운 놀이가 될 수 있을까요? 특별한 엄마표 놀이를 준비해주지 않아도, 특별히 비싼 장난감을 사주지 않아도 부모와 즐겁게 대화하고, 신나게 웃고, 서로 간의 사랑과 애정만 느껴도 충분히 즐거운 놀이가 될 수 있어요. 이제부터 놀이에서 과한 비난은 하지 않기예요.

14. 질문형 반응

"이건 뭐야?" "여긴 어디야?" "얘는 이름이 뭐야?" 하고 부담스럽게 질문을 던지는 유형입니다. 놀이에서 질문을 하면 안 된다는 걸 모르셨다고요? 놀이는 대부분 처음부터 뚜렷한 목표를 갖고 하는 게 아니에요. 우연히 본 놀잇감을 선택해서 즉흥적으로, 자유롭게, 융통성 있게 노는 것이 진짜 놀이입니다. 그러니 아무 계획 없이 시작한 아이에게 부모가 자꾸 꼬치꼬치 묻는다면 굉장히 부담스러울 거예요. 이건 어린 아이에게 기획도 하면서 시나리오도 쓰고, 배우도 하면서 상대 배우도 챙기라는 1인 다역을 요구하는 것과 같은 상황이에요. 놀이할 때만큼은 부담을 주지 말자고요.

15. 비교형 반응

아이가 놀 때 정리도 하고, 양보도 하고, 놀잇감도 아껴서 쓰면 얼마나 좋겠어요? 하지만 아이는 놀이에 집중하거나, 아직 올바른 습관이 형성되지 못해서 자꾸 깜빡깜빡하고 실수를 해요. 바르게 놀기를 가르쳐주는 것은 좋지만 비교를 통한 가르침은 바람직하지 않아요. 비교는 기분을 상하게 하기 때문에 반항심이 들어 할 줄 아는 것도 하고 싶지 않게 만들거든요. 또 자신과 비교한 상대 형제를 미워하거나, 부모에 대한 분노가 생길 수 있고요. 결국 비교를 반복하면 놀이를 통해 좋은 습관을 형성할 수도, 좋은 관계를 만들 수도 없으니 주의하세요.

부모와 잘 놀며 자란 아이는 특별해요

안 그래도 집에서 아이와 놀아주기 힘든데 하지 말라는 게 너무 많아 어렵다는 생각이 드시나요? 도대체 어떻게 놀아주라는 건지, 무슨 말을 해야 할지, 어떤 태도로 놀이에 임해야 할지 어려우신가요? 이번 장에서는 가정에서 아이와 재미있게 놀고 싶은 부모가 하면 좋은 놀이 반응 유형 열 가지를 알려드릴게요. 아이와 신나게, 재미있게, 유익하게, 행복하게 놀 수 있는 방법이니까 하루 한두 가지씩이라도 10분만 실천해보세요. 처음에는 조금 어색할 수 있지만 한두 번 시도해보면 금방 익숙해질 겁니다.

부모가 하면 좋은 놀이 반응 유형

1. 민감형 반응

아이와 놀이할 때 가장 중요한 건 부모가 민감하게 반응하는 것입니다. 민감하다는 건 아이의 감정을 빠르게 알아차린다는 거예요. 이때 부모는 아이의 눈, 시선을 같이 따라가는 게 좋아요. 간혹 부모들 중에는 "아들, 이리 와봐. 여기 재미있는 거 있어."라며 아이에게 더 좋은 선택을 하도록 자꾸 다른 제안을 하는 경우가 있어요. 물론 부모 입장에서는 아이에게 새로운 것, 재미있는 것, 유익한 것을 보여주고 싶겠지요. 하지만 부모가 다른 제안을 한다는 건 아이의 시선을 놓쳤다는 의미이기도 해요. 아이 입장에서는 자신의 선택과 부모의 제안 사이에서 갈등을 해야 하는 숙제가 생기고요.

또 부모가 놀이의 선택을 제안하지는 않지만 "하고 싶은 거 있으면 가져 와봐."라며 그냥 기다리고 있는 경우도 있어요. 이렇게 되면 아이는 마음이 급해져 하고 싶은 것보다는 눈에 보이는 아무 것이나 선택하게 되지요. 급하게 선택한 놀이가 재미있게 끝났으면 다행이지만 재미가 없으면 아이는 본인의 선택임에도 불구하고 "엄마 때문이잖아."라며 짜증을 부릴 수 있어요. 원래는 이걸 하고 싶었던 게 아닌데 부모가 재촉해서 잘못 선택했다는 것이지요.

즐거운 놀이가 되기 위한 첫 번째 조건은 출발부터 즐거워야 한다는 거예요. 즐거운 출발의 시작은 아이가 보면 보는 대로 시선을 따라가고, 아이가 걸어가면 걸어가는 대로 부모도 함께 걸어가서 아이의 감정을 민감하게 알아차려주는 것이 가장 최선입니다. 만약 아이가 선택을 못 하고 움츠려 있다면 그 또한 수줍음, 낯설음 등의 감정을 표현하는 것이기 때문에 그냥 기다려주는 게 좋아요. 어떤 선택이든 "와! 재미있겠다."라며 긍정적인 반응을 해주시면 더욱 좋고요.

2. 언어반영 반응

용어가 생소하신가요? 하지만 결코 어려운 건 아니에요. 언어반영이란 아이의 행동이나 말, 의도 등을 부모가 대신 언어로 말해주는 것을 의미해요. 언어반영을 해주면 아이는 부모가 자신의 놀이에 관심이 많다는 느낌을 받아서 놀이에 더욱 집중하게 되지요. 하지만 대부분의 부모들은 아이가 "이건 엄마야."라고 말하면, 아이의 관심사에 집중해서 언어반영을 해주기보다 "그럼 얘는 누구야?" "이 아이는?" "이 사람은 뭐해?"라고 자꾸 다른 질문을 해요. 혹시 부모가 하지 말아야 할 놀이 반응 유형에서 '질문형 반응'을 기억하시나요? 잦은 질문은 아이의 자유로운 놀이를 방해할 수 있다고 했지요. 그러니 질문보다 아이의 말과 행동을 잘 듣고 관찰한 후 그 상태, 그 상황 그대로 반영해서 이야기해주는 것이 좋아요. 예를 들어 아이가 소방차를 만지고 있을 때 "소방차로 놀고 싶구나." 하고 언어반영을 해주면, 아이는 훨씬 안정감을 느끼고 집중하는 시간도 길어진답니다.

3. 행동반영 반응

언어반영이 아이의 말과 행동, 의도를 언어로 따라 하는 것이라면 행동반영은 아이가 한 행동을 부모가 같이 따라 하는 거예요. 즉 아이가 자동차를 만지면 부모도 다른 자동차를 만지고, 아이가 자동차를 그리면 부모도 다른 자동차나 자동차가 다닐 도로를 그리는 것이지요. 또 아이가 역할놀이에서 여자를 잡으면 부모는 남자 혹은 여자친구를 잡는 거예요.

예를 들어 아이가 소방차를 만지고 있었지요? 그럼 부모는 경찰차를 만져주세요. 아이가 여자 인형을 들고 부엌 앞에 가져다 놓았지요? 그럼 부모는 남자 인형을 들고 회사에서 퇴근하고 돌아오는 행동을 해주세요. 이 반응은 아이로 하여금 부모가 자신과 적극적으로 함께 놀려고 한다는 느낌을 받게 합니다. 행동반영은 아이의 선택을 존중하면서 부모도 놀이의 참여자가 되겠다는 신호와 같은 의미라고 생각하면 이해가 쉽습니다.

4. 적극적인 참여 및 즐기기 반응

놀이 속으로 잘 들어오셨나요? 그럼 이제부터 부모의 자세가 중요해요. 우리는 보통 아이에게 "엄마가 놀아줄게."라고 말을 해요.

하지만 또래 친구들은 "우리 같이 놀자." 혹은 "나랑 같이 놀래?"라고 말하지요. 차이가 느껴지셨나요? 차이는 바로 놀이의 주체자이냐, 스태프이냐의 차이예요. 아이는 놀아주기를 바라지 않아요. 함께 놀기를 바라지요. 즉 아이가 소방차를 잡았으면 부모가 그냥 쳐다보고 있는 것이 아니라 부모도 다른 자동차를 선택해서 그 상황에 들어가 열심히 적극적으로 참여하며 진짜 놀아야 해요. 부모가 경찰차가 되었으면 경찰차의 역할을, 아빠 역할을 맡았으면 아빠가 되어 구체적인 상황을 설정하고 적극적으로 수행하는 것이지요.

대부분의 아이는 부모의 말을 듣고 자신이 맡은 역할로 반응할 거예요. 예를 들어 부모가 "불이 난 곳이 어딘가요?"라고 물으면 조심스럽게 손가락으로 가리키겠지요. 엄마가 아빠 인형을 들고 "여보! 나 회사 갔다 왔어. 오늘 저녁은 뭐야?"라고 물으면 아이는 요리를 해주거나 간단한 요리 이름을 대답해주는 등의 반응을 보일 겁니다. 만약 부모가 상황을 설정해서 상호작용을 시도했는데 아이가 아무런 반응이 없다면 아이의 행동을 좀 더 세밀하게 관찰해볼 필요가 있어요. 부모가 설정한 상황이 아니라 자신이 계획한 다른 의도가 있다는 의미일 수도 있으니까요.

5. 촉진형 반응

이왕 놀이를 할 거라면 좀 더 재미있고 아이의 성장과 발달에도 도움이 되면 좋겠지요? 촉진형 반응은 놀이가 좀 더 재미있고

촉진형 반응 예시

구체화되어 아이의 성장과 발달에 도움이 될 수 있는 반응 유형입니다. 예를 들어볼게요. 만약 놀이가 불이 난 상황으로 설정되었다면 진짜 건물도 짓고, 불도 붙이고, 사다리도 만들고, 들것도 있어야 훨씬 실감나겠지요? 또 소방차가 불을 끄는 사이 경찰차가 주변 도로를 통제해주면 훨씬 놀이가 생생할 거예요. 촉진형 반응은 놀이 상황을 좀 더 생생하게 만들 수 있는 방법을 아이와 상의하거나, 구체적인 상황에 대한 연출을 돕는 반응 유형입니다.

예를 들어 아이가 가리킨 곳으로 다가가 아이에게 "불이 났다는 표시가 있으면 좋을 텐데. 우리 무엇으로 불을 만들까?"라고 의견을 물어보는 거예요. 부모가 종이로 불 모양을 하나 만들어 붙여주면서 "여기 불이 있어요."라고 해줘도 좋고요. 그럼 아이는 불 끄는 시늉을 하거나 불을 만들어 붙이는 등의 반응을 보일 거예요. 만약 아이가 불을 만드는 것보다 끄는 것을 재미있어 한다면 부모는 "불이 옆 건물에도 옮겨 붙었네요."라며 더 많은 종이 불을 붙여줄 수 있겠지요. 아이는 마치 자신이 소방관이 되어 다른 사람들을 구해준 것처럼 매우 만족해하며 성취감을 느낄 거예요.

6. 지원형 반응

아이는 놀이를 통해 세상을 알아가고 사람들과 함께 어울리며 다양한 사회적 기술, 태도, 지식을 경험하게 됩니다. 그러니 자동차 놀이가 단순히 기차, 소방차, 레미콘 등의 명칭을 아는 탐색놀이나 단순히 자동차 태엽감기, 굴리기, 태우기 등의 기능놀이로 끝나서는 안 됩니다.

놀이가 더 깊이 확장되어 들어가기 위해서는 세상을 좀 더 세밀하게 경험해본 부모의 지원이 매우 중요해요. 예를 들어 자동차만 하더라도 주유소, 도로, 주차장, 정비소, 출발지와 도착지, 다양한 장소와 직업, 자동차 전시장, 택배, 터널 등 세상엔 관련된 것들이 너무 많거든요. 이 모든 것을 미술놀이, 블록놀이, 언어놀이, 역할놀이 등 다양한 놀잇감으로 변형되고 확장한다면 정말 할 수 있는 것이 끝도 없이 많을 겁니다.

지원형 반응 예시

부모는 아이가 선택한 놀잇감을 활용하는 방식 혹은 그 이상의 상상력을 발휘해 확장해서 놀 수 있도록 지원할 필요가 있어요.

아이는 부모와 놀이했던 소방차놀이가 재미있었을 경우 계속 똑같은 놀이만 반복하기를 바라지 않아요. 일전에 사람을 구했다면 이번엔 동물도 구해주고 싶거든요. 그러려면 동물원을 지어야 하고, 이후 동물을 치료해주면서 놀이가 동물병원놀이로 확장될 수도 있어요. 아픈 동물을 보호해주는 경험을 하면서 자연스레 사육사가 하는 일을 알게 될 거고요. 이처럼 지난번에 재미있게 놀았던 기억으로 시작한 놀이가 새로운 다른 놀이, 그다음 새로운 놀이로 계속 확장되어야 해요. 즉 비계 설정을 통해 새로움과 익숙함이 공존하는 즐거운 놀이를 만들 수 있어요.

7. 환경제공형 반응

부모가 놀이 환경을 제공해줘야 하는 경우는 매우 다양합니다. 특히 아이가 매일 같은 놀잇감만 가지고 노는 것이 걱정된다면 놀이방의 구조를 바꿔주거나, 놀잇감의 위치를 바꿔놓는 것이 효과적인 방법이지요. 예를 들어 아이가 항상 같은 공룡 피규어만 갖고 논다고 가정해볼게요. 아이가 어린이집에 갔을 때 부모가 블록으로 공룡을 만들어 눈에 잘 띄는 곳에 전시해놓는 거예요. 그리고 아이도 가지고 놀 수 있도록 블록상자를 근처 바닥에 내려놓는 것이지요. 이 경우 아이는 자신이 좋아하는 공룡이 눈에 띄는 곳에 있기 때문에 호기심을 갖게 되고, 자신도 블록으로 다른 공룡을 만들어보고자 시도할 가능성이 높습니다.

만약 아이가 위험한 놀이를 즐겨한다면 환경제공형 반응이 도움이 될 수 있어요. 예를 들어 아이가 딱딱한 플라스틱이나 나무 재질의 장난감 칼로 싸움을 하려 할 경우 대부분 부모는 "아파, 살살." "엄마는 이런 놀이 안 좋아해."라며 부정적인 반응을 보입니다. 하지만 이런 반응은 아이로 하여금 부모가 자신과의 놀이를 거부한다는 느낌을 주기 때문에 바람직하지 않지요. 이럴 때는 부드러운 재질의 베개로 놀잇감을 바꿔주는 것이 현명해요. 즉 아이의 싸움놀이에 대한 욕구는 충족시켜주면서 안전한 재질이나 환경으로 바꿔 걱정 없이 신나게 놀게 하는 것이지요.

8. 중재형 반응

아이가 놀이를 할 때 양보도 하고, 물건도 아껴 쓰고, 떼도 부리지 않고, 사이좋게 놀아주면 얼마나 좋겠어요. 하지만 아이는 자기중심적 사고를 하고, 아직 자기조절능력이 부족한 상태이기 때문에 나눔이나 양보, 협력이 어렵습니다. 또 잘하고 싶은 의욕은 강한데 아직 미숙한 발달 수준을 갖고 있기 때문에 자주 짜증을 내고요. 그렇다고 부모가 놀잇감을 혼자 다 차지하려는 모습, 떼쓰는 모습, 놀잇감을 함부로 다루는 모습, 정리하지 않고 어지르는 모습 등을 그대로 방치해서는 안 되잖아요. 왜냐면 놀이가 삶인 아이는 놀이를 통해 자신이 원하는 삶의 영역에서 올바른 사회적 기술을 배우고 익혀야 하니까요. 따라서 부모는 아이와 놀이를 할 때 중간중간 중재형 반응을 보일 필요가 있어요.

주의해야 할 것은 중재형 반응이 아이를 야단치고 혼을 내라는 의미가 아니라는 겁니다. 중재형 반응의 가장 중요한 핵심은 아이가 타인의 감정을 알 수 있도록 돕고 스스로 행동을 수정하거나 조절하게 하는 것입니다. 예를 들어 부모와의 놀이에서 부모가 사용하던 놀잇감을 아이가 말도 없이 훅 가져갔다고 가정해볼게요. 이때 부모는 "이 인형의 옷이 필요한가 보구나. 그렇다고 네가 엄마가 갖고 있는 인형의 옷을 말도 없이 가져가버리면 엄마 마음이 어떨까? (잠시 기다린 후) 엄마가 매우 당황했어. 엄마에게 돌려주고 다시 물어보겠니? '엄마 이 인형 옷 나 써도 될까요?'라고 물어보면 엄마가 다시 줄게."라고 중재하는 것이지요. 부모와의 놀이에서 타인의 감정을 인식하고 조절하는 경험이 반복되어야 아이는 기관에서도 또래와 사이좋게 놀이할 수 있게 됩니다.

9. 격려형 반응

격려형 반응의 중요성은 사실 앞에서 매우 심도 있게 다뤘기 때문에 더 강조하지 않아도 잘 아실 거라 생각해요. 아이와의 놀이에서도 부모의 격려는 매우 중요합니다. 중간중간 부모가 아이의 의도와 노력을 격려해줄 때, 아이는 자신의 놀이에 더 집중하게 되고 즐겁게 놀이에 참여할 수 있게 됩니다. 예를 들어 두 아이가 똑같이 미술놀이를 하고 있다고 가정해볼게요. A의 부모는 단지 옆에서 가만히 반응 없이 있고, B의 부모는 아이의 미술놀이를 관찰하며 함께 웃고 격려하고 있는 상황입니다. 연령과 미술에 대한 흥미가 비슷하다면 B가 훨씬 미술놀이를 재미있게 참여하고 창의적으로 표현할 것은 뻔한 결과입니다. 따라서 짧은 시간 효과적인 놀이를 위해 부모는 격려형 반응을 잘 활용하는 것이 좋습니다.

10. 모델링형 반응

아이를 양육함에 있어 부모의 올바른 모델링이 얼마나 중요한지는 강조하지 않아도 다 아는 사실입니다. 놀이에서도 부모의 모델링은 계속되어야 해요. 특히 아이는 놀이를 통해 세상을 살아가는 방법을 배워가는 존재이기 때문에 놀이 속에서 부모가 어떻게 행동하고 말하느냐에 따라 그대로 아이에게 내면화되거든요. 예를 들어 아이와 함께 놀이한 후 아이에게 "네 거니까 네가 정리해."라고 말한다면, 아이는 동생과 함께 놀이한 후 동생에게 "형이 놀아줬으니까 네가 정리해."라고 말할지 몰라요. 아이와의 보드게임에서 부모가 아이의 수준이나 이기고 싶은 마음에 대한 배려 없이 규칙만을 강조하며 "엄마가 이겨야지."라고 말한다면, 아이는 동생과의 보드게임에서 동생의 수준이나 마음을 무시하며 혼자만 이기려 하겠지요. 아이들은 부모의 "동생은 어리잖아. 네가 봐줘."라는 말을 듣지 않거든요. 단지 평소 부모가 보여줬던 태도와 행동을 고스란히 모델링해서 자신도 똑같이 행동할 뿐이지요. 또 부모가 아이는 준비되지 않은 상황임에도 불구하고 장난이라고 무섭게 혹은 깜짝 놀라게 하는 행동을 반복한다면 아이도 장난이라며 친구에게 공격적인 행동을 할 것입니다. 따라서 부모는 아이와 놀이를 할 때, 아이가 나와 똑같이 타인과 놀이할 거라는 것을 전제로 올바른 모델링을 보이려는 노력을 기울여야 합니다.

생활용품을 활용한 하루 10분 놀이법

이제 실제로 직접 아이와 하루 10분 퀄리티타임 놀이를 해볼까요? 앞서 이야기했듯이 놀이는 처음부터 목표가 뚜렷하거나 방법과 내용이 구체적으로 정해져 있는 것이 아니에요. 또 장난감 가게에서 파는 좋은 장난감이 꼭 집에 있어야 하거나, 아이가 좋아하는 놀잇감이 준비되어야 재미있는 놀이를 할 수 있는 것도 아니고요. 단지 아이와 함께 진심으로 즐겁게 놀고자 하는 마음 하나면 충분하지요.

우선 주변에 보이는 사물로 놀이를 시작해보세요. 아이와 함께 보내는 장소에서 아이가 흥미를 끌 만한 것을 활용해도 좋고요. 아이와 놀이를 하고 싶은 마음은 있는데 놀이 준비가 너무 거창하거나 시간이 많이 필요하다면 실천하기 어렵잖아요. 다음은 가정이나 집 근처 바깥놀이에서 활용할 수 있는 쉽고 간단한 놀이의 예시입니다. 부모가 주변의 사물을 활용해 함께 놀이한다면 아이는 호기심과 상상력, 창의력과 탐구력, 집중력과 문제해결능력, 융합적 사고력 등을 키울 수 있어요.

제시한 놀이법을 반드시 그대로 따르거나, 한 번에 끝까지 해야 한다고 생각할 필요는 전혀 없어요. 정해진 목표와 내용, 방법을 순서대로 해야 한다면 그것은 놀이가 아니라 활동이 되어버립니다. 계획한 대로 움직여야 하는 활동은 성인이 주도할 수밖에 없기 때문에 놀이로서의 힘을 잃게 되지요. 그러니 제시한 놀이 재료와 방법은 정답이 아니라 하나의 힌트라고 생각하시기 바랍니다. 언제든 다른 아이디어를 추가할 수도 있고, 변형할 수도 있고, 뺄 수도 있어요.

주변에 보이는 사물로 놀이를 시작해보세요. 아이가 호기심을 느낄 만한 놀이 재료라면 어떤 재료든 상관없습니다. 아이와 신나는 시간을 보낼 수 있다면 주변에서 흔히 볼 수 있는 사물도 다 즐거운 놀이 재료가 될 수 있어요. 로션, 비닐봉지, 휴지, 주방용품, 쿠션, 달걀껍질, 택배박스 등은 모두 주변에서 쉽게 찾아볼 수 있는 재미있는 놀잇감이에요.

쉽고 간편하게 즐길 수 있는 일곱 가지 퀄리티타임 놀이법

1. 로션놀이

목욕 후 아이는 부모의 얼굴에, 부모는 아이의 얼굴에 서로 로션을 발라줌으로써 긍정적인 관계를 형성할 수 있습니다. 준비물은 로션 한 통, 비닐봉투나 쿠킹호일, 여러 색의 물감, 다양한 음악입니다. 태교음악, 동요, 클래식, 자연의 소리 등을 틀어놓고 로션으로 아이의 몸 구석구석을 부드럽게 문지르며 마사지해주세요. 이때 '귀여운 발' '예쁜 손' '말랑말랑 엉덩이' 등 사랑이 듬뿍 담긴 표현을 해주면 더욱 좋아요.

투명한 비닐봉투를 잘라 한 면으로 펼치거나, 쿠킹호일을 바닥에 깔고 로션놀이를 하면 더 재미있게 즐길 수 있습니다. 펼친 비닐봉투 위에 로션을 듬뿍 짠 다음, 미끌미끌 문질문질 손으로 비비며 느낌이 어떤지 이야기 나눠보세요. 로션이 거의 다 짜지면 방귀 같은 '뿍!' 하는 소리가 나요. 어떤 소리가 나는지, 냄새가 나는지 이야기해보세

로션놀이 예시

요. 로션놀이를 통해 아이와 촉각, 후각, 청각 등을 활용한 탐색놀이도 할 수 있어요.

비닐봉투 위에 짜인 로션을 활용해 손가락 그림을 그려보세요. 이때 부모가 아이의 얼굴을 그리고 '사랑해'라는 글을 적어줘도 좋아요. 만약 큰 비닐봉지를 깔고 놀이를 한다면 로션 위에 아이를 앉히고 썰매처럼 끌어주면 더욱 즐거워할 거예요. 하지만 로션이 미끄러우니 발로 밟고 일어서지 않도록 하는 것이 좋아요. 마지막에 로션을 뿌린 비닐 위에 무독성 물감을 뿌려보세요. 여러 색을 뿌려 색의 변화도 느껴보고, 다양한 그림을 그릴 수도 있어요.

2. 비닐봉지놀이

집에 있는 비닐봉지와 쇼핑백으로 아이와 비닐봉지놀이를 할 수 있어요. 먼저 빈 비닐봉지에 공기를 담아보세요. 아이와 함께 공기가 담긴 비닐봉지를 하늘로 날려 떨어지는 속도를 비교해보는 거예요. 누구 비닐봉지의 공기가 더 무거울지 예측하며 과학놀이를 하면, 눈에 보이지 않아도 공기에 무게가 있음을 알 수 있지요. 공기가 든 비닐봉지를 바닥에 가장 오래 떨어뜨리지 않는 사람이 이기는 신체놀이를 해봐도 재미있어요. 만약 형제나 자매가 있다면 또 다른 신체놀이를 할 수 있는데요. 예를 들어 아이의 몸이 통과될 수 있을 정도로 크기가 넉넉한 비닐봉지 2개를 준비해 막힌 부분을 자른 다음, 코끼리코 세 바퀴를 돌고 비닐봉지를 통과하면 이기는

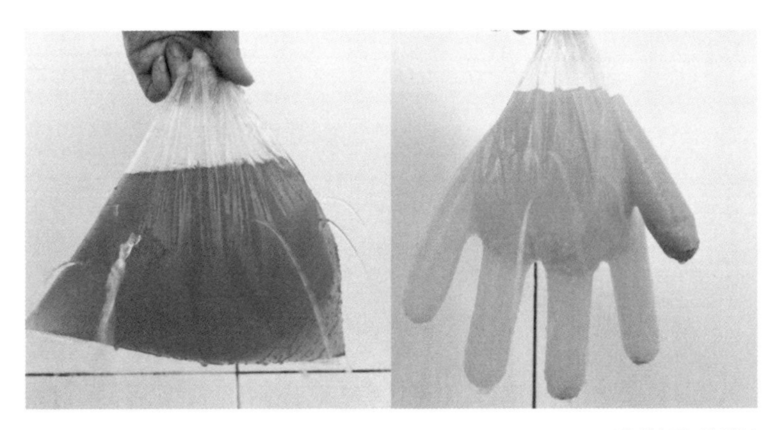

비닐봉지놀이 예시

거예요.

김장용 비닐봉지만큼 큰 비닐봉지가 있다면, 가족이 모두 둘러앉아 비닐봉지의 끝부분을 잡고 흔들면서 재미있는 소리를 내보세요. 잔잔한 파도, 폭풍이 치는 파도 등을 연상하며 천천히, 빠르게 움직여보세요. 또 비닐봉지 위에 작은 인형들을 올려 튕기기 놀이를 해도 아이들이 무척 좋아해요. 이때 다양한 음악을 틀어놓고 튕기면 더욱 즐겁고요. 비닐봉지는 물에 젖지 않기 때문에 물에서도 재미있게 놀이를 할 수 있어요. 비닐봉지에 물을 담고 바늘로 구멍을 뚫어주면 분수가 만들어지는데요. 이때 손가락 모양의 비닐장갑을 사용하면 더욱 신기한 분수가 만들어져요.

비닐봉지나 쇼핑백은 재미있는 미술놀이의 재료가 되기도 합니다. 투명 비닐봉지나 쇼핑백을 유성매직으로 꾸미면 새로운 가방이 탄생하지요. 네모 모양으로 잘라 4개 모서리에 끈을 달아주면 낙하산이 되고요. 비닐봉지로 제기, 가면, 연도 만들 수 있어요.

3. 휴지놀이

휴지는 재질이 부드러워 갖고 놀기 안전하고, 휴지와 휴지심으로 분리가 가능하며, 모양의 변화가 다양해서 할 수 있는 놀이가 다양합니다. 아이와 2m 정도 떨어져 앉아서 굴리고 받기 놀이를 해보세요. 또 한 쪽 눈을 감고 휴지심의 구멍을 망원경처럼 활용해 탐색놀이를 할 수 있어요. 이때 큰 물건의 일부분만 휴지심 사이로 보여주고 무엇인지 맞추기 놀이를 해봐도 재미있어요. 휴지를 길게 풀어 〈나처럼 해봐라〉 음악에 맞춰 자유로운 신체놀이를 해보세요. 또 휴지로 아이의 몸을 둘둘 말아주면 미라로 변신할 수도 있어요.

여러 개의 휴지를 최대한 높이 쌓으면 몇 개까지 쌓을 수 있을까요? 아이와 휴지를 쌓고 부수기를 반복해보세요. 사인펜이 있다면 미술놀이도 가능합니다. 휴지에 사인펜으로 그림을 그리면 느낌이 신기하거든요. 그림을 그린 다음 넉넉한 사이즈의 노끈이나 고무줄을 공중에 걸어 아이가 그린 휴지그림을 전시해보세요. 충분히 감상한 후, 분무기로 물을 뿌리면 사인펜이 번지는 모습이 재미있지요. 이때 바닥에 물이 떨어질 수 있으니 비닐을 깔아주는 것이 좋아요. 만약 비닐을 벽에도 함께 붙여준다면 젖은 휴지를 모아 던지기 놀이도 할 수 있지요. 힘차게 휴지를 던지면 아이들의 스트레스

휴지놀이 예시

도 함께 날아간답니다. 또 젖은 휴지는 찰흙처럼 모양을 구성하기 좋으니 케이크도 만들고, 하트도 만들어보세요. 만약 어린 영아라면 휴지심을 잡고 물감 찍기를 할 수도 있어요.

휴지심의 약간 긴 원통 모양은 우리 몸의 뼈와 비슷하게 생겼어요. 이를 여러 개 모아 척추, 갈비뼈, 어깨뼈, 팔뼈 등의 형태로 만들어 엑스레이 사진처럼 배치해보세요. 또 휴지심을 2cm 간격으로 자르면 여러 개의 고리 같은 모양이 만들어져요. 부모가 흰 종이에 거북이, 기린, 돼지 등의 동물을 그리고, 아이가 동물 그림에 고리를 올려 붙여주면 재미있는 콜라보레이션 작품이 완성됩니다. 또 휴지심의 표면을 펀치로 뚫고, 그 구멍에 빨대를 꽂아보세요. 누가 빨대를 떨어지지 않게 꽂나 게임도 해보세요.

4. 주방용품 난타놀이

혹시 가족 중에 누군가 방귀를 낀 적이 있나요? 갑작스런 소리 자극은 아이들의 호기심을 끌기에 충분해요. 방귀는 우리 몸에서 나는 소리잖아요. 우리 몸에서 나는 소리를 창의적으로 표현해보세요. 손바닥 부딪치는 소리, 겨드랑이 사이에 손바닥을 넣고 내는 소리, 휘파람, 입에 공기를 넣고 손가락을 쳐서 내는 소리 등 재미있는 소리를 만들어보세요.

아이와 함께 몸을 이용해 소리를 냈다면, 이번엔 우리 집에서 소리가 나는 물건을 찾기 놀이를 해보세요. 문 여닫는 소리, 의자 끄는 소리, 정수기에서 물 떨어지는 소리, 컴퓨터 자판 두드리는 소리 등 다양한 소리를 찾다보면 아이들의 호기심, 민감성, 관찰력, 탐구심 등이 계발될 수 있어요.

특히 주방에는 여러 가지 재질의 그릇과 냄비들이 있어요. 유리, 철, 사기, 플라스틱 등 재질별로 모두 다른 소리를 내지요. 주방용품으로 아이들과 함께 '누구의 소리일까?' 찾기 게임을 해보세요. 아이가 눈을 감은 채 부모가 주방용품을 젓가락으로 치면 아이가 소리를 듣고 어떤 주방용품인지 찾는 거예요. 주방용품들이 내는 소리의 특징을 알았다면 이제 여러 가지 리듬을 만들어 난타놀이를 할 수 있어요. 리듬, 속도를 다르게 두드리면 더욱 재미있지요. 아이가 좋아하는 동요에 맞춰 주방용품 난타놀이를 해보세요.

5. 쿠션(베개)놀이

만 3세 이상이 되면 남아는 유능감을 형성하기 위해 스파이더맨놀이, 베트맨놀이와 같은 싸움놀이를 선호해요. 아빠처럼 힘이 세지고 싶은 마음과 누군가를 이기고 싶은 욕구에서 나오는 모습이지요. 이때는 하지 말라고 제지하기보다 다치지 않을 만한 놀잇감을 제공해 안전한 놀이를 제안하는 것이 좋아요.

예를 들어 거실의 넓은 곳에 색깔 테이프로 가로, 세로 2m 정도의 정사각형 공간을 만들어주세요. 여기가 바로 아이가 안전하게 놀이할 경기장이에요. 쿠션이나 베개를 이용해 아이와 부모가 경기장에서 서로 미는 거예요. 단 베개를 던져서는 안 됩니다. 던지거나 때리는 행위를 하면 게임이 진행되면서 너무 공격적인 행동으로 과해질 수 있기 때문에 오로지 미는 것만 가능하다는 규칙을 세워야 해요. 미는 것으로 규칙을 정하면 층간소음도 크게 문제되지 않아요. 먼저 쓰러지거나 경기장 밖으로 나가면 지는 게임입니다. 이때 시작 전에 몇 점 내기를 할 것인지 정하는 것이 좋아요. 그렇지 않으면 아이들은 재미있어서 계속 하자고 할 테니까요.

6. 달걀껍질놀이

아이를 위한 요리 재료로 달걀을 많이 활용하시지요? 요리 후에 남은 달걀껍질을 아이와 재미있는 놀이로 처리해보세요. 준비물은 전지, 큰 투명 비닐봉지, 달걀껍질 여러 개, 뿅망치입니다. 먼저 전지 위에 달걀껍질을 여러 개 올려놓고 투명 비닐봉지를 씌워줍니다. 숟가락이나 국자 등 주방용품을 활용해 달걀껍질을 때려 부숴보세요. 아직 아이가 어리다면 지퍼팩 안에 넣고 깨도 괜찮아요. 만약 집에 뿅망치가 있다면 뿅망치를 사용해도 좋아요. 달걀에 매직으로 숫자를 적고 아이가 숫자를 찾아 부수도록 한다면 숫자놀이도 될 수 있어요. 음악을 틀어놓고 발로 콩콩 밟아도 재미있어요.

달걀껍질을 활용하면 간단한 미술놀이도 가능합니다. 먼저 부모나 아이가 도화지에 간단한 그림을 그려 준비합니다. 그림의 색칠할 부분에 풀을 칠해주세요. 풀을 칠한 부분에 부순 달걀껍질을 붙이면 거칠한 느낌의 재미있는 그림이 되지요. 달걀껍질에 색칠을 하고 싶다면 물감을 이용해 색칠을 해도 좋아요.

집에 달걀판과 탁구공 5개가 있다면 재미있는 신체놀이도 가능합니다. 먼저 아이가 물감으로 달걀판을 색칠하게 합니다. 이렇게 아이가 스스로 놀잇감을 만들게 한 뒤, 부모가 탁구공을 던져주면 아이가 달걀판으로 탁구공을 받도록 합니다. 탁구공이 없으면 공 모양의 작은 장난감도 괜찮아요. 이렇게 5개를 다 받으면 되는 게임이에요. 만약 탁구공 5개 받기가 충분히 연습되었다면 좀 더 많은 공을 받는 것으로 난이도를 조절해보세요. 형제가 있어 가족이 총 4명 이상이라면 2명씩 팀을 짜서 5개의 탁구공을 먼저 받는 팀이 이기는 게임을 해도 재미있어요.

7. 택배박스놀이

택배박스는 크기가 다양하고, 모양이 입체적이고, 재질이 딱딱해서 구성물을 만들기에도, 아이들이 들어가서 놀기에도 매우 좋은 재료예요. 먼저 여러 개의 택배박스를 모아 탑을 쌓고 부수는 놀이를 할 수 있어요. 집에 절연테이프가 있다면 택배박스에 직사각형 모양으로 붙여 가스레인지를 만들 수도 있지요. 이를 활용해 재미있는 주방놀이를 할 수 있어요. 또 택배박스 한 쪽 면에 큰 구멍을 뚫어주세요. 1m 정도 뒤에서 구멍에 양말 던져 넣기 놀이를 하면 아이의 공각지각능력, 대소근육발달, 눈과 손의 협응능력을 키울 수 있어요.

큰 택배박스가 있다면 한 쪽 면에 여러 개의 작은 구멍을 뚫어주세요. 아이를 택배박스 안에 들어가도록 하고 부모가 구멍에 손

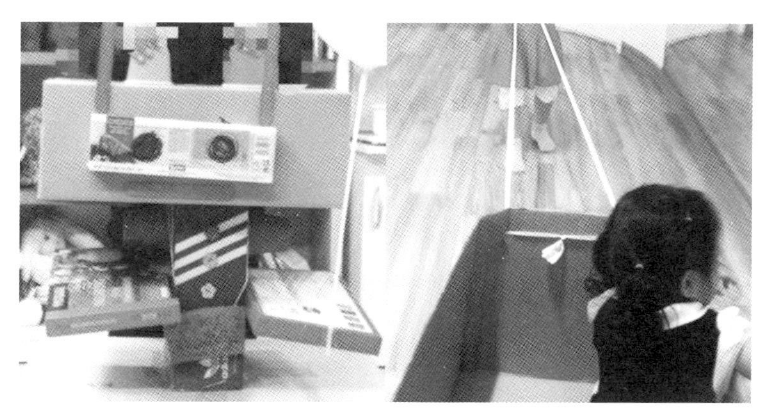

택배박스 놀이 예시 – 택배박스 로봇(왼쪽)과 자동차(오른쪽)

가락을 넣는 거예요. 아이는 어디에서 나타날지 모르는 부모의 손가락을 잡으며 노는 겁니다. 의외의 곳에서 계속 나타나는 손가락에 아이는 매우 신날 겁니다. 또 택배박스로 자동차, 집, 로봇도 만들고, 잘라서 팽이를 만들 수도 있어요. 택배박스에 빨대나 나무젓가락으로 칸을 만들면 미로도 만들 수 있지요. 구슬이나 탁구공을 활용해 길 찾기도 할 수 있습니다.

그림책을 활용한 하루 10분 놀이법

독서의 중요성을 모르는 분은 없을 겁니다. '내 아이가 책을 좋아하는 아이가 되었으면 좋겠다.' 하는 기대가 없는 부모도 없을 거예요. 여기서 생각해볼 문제가 있습니다. 워낙 독서의 중요성이 많이 강조되고 있다 보니 질보다는 양이 우선시되는 경향이 있다는 사실이에요. 아이를 키우는 가정의 거실 책장엔 대부분 수많은 분야의 전집이 빼곡히 꽂혀 있어요. 물론 여러 권의 책을 읽도록 하는 것도 좋습니다. 하지만 더 중요한 것은 아이들에게 유익하고 좋은 그림책을 잘 선정해서 그 이점을 충분히 경험하도록 해야 한다는 거예요. 왜냐하면 '독서=생각하는 힘'이기 때문입니다. 독서를 통해 아이가 얼만큼 질 좋은 사고를 했느냐가 중요하거든요.

진짜 좋은 그림책은 아이들이 제대로 공감하고, 위로받고, 생각의 힘을 키우기에 가장 적합하게 만들어진 책을 말해요. 책을 읽어도 아이의 마음에 아무런 감동도 없고 '거짓말 하지 마라.' '엄마 말씀 잘 들어라.' '싸우지 마라.' 등의 교훈과 가르침만 있다면 아이는 흥미를 잃을 것입니다. 그런 그림책을 읽은 아이는 스스로 생각하려 하지 않을 것이고, 책의 내용에도 공감하지 못할 겁니다.

좋은 그림책으로 공감과 위로, 사회성, 생각하는 힘을 키워주자

아이에게 적합한 좋은 책을 선정하려면 먼저 동화책과 그림책의 차이를 구분하는 것이 중요합니다. 동화책과 그림책의 차이를 모르면 단순히 글자가 많은 것과 많지 않은 것으로 구분을 하게 되는 오류에 빠지게 되거든요. 동화책은 글자를 읽고 쓸 수 있는 아동이 읽는 책을 말해요. 즉 글을 읽고 쓸 줄 아는 독자를 대상으로 순수한 동심을 바탕으로 만들어진 책이지요. 대표적인 동화책으로는 『인어공주』『미운 오리 새끼』『성냥팔이 소녀』『벌거벗은 임금님』『백설공주』『헨젤과 그레텔』『개구리 왕자』 등이 있고요. 이런 동화책은 대부분 그림보다 글이 중요합니다.

반면 그림책은 글을 읽고 쓸 수 없는 발달 단계의 아동을 대상으로 쓴 책이에요. 일반적으로 유아기까지의 아이가 주 독자층이지요. 그래서 주로 유아기 아이들이 경험하는 세계와 생각(사고) 등을 다룹니다. 이런 그림책은 글뿐만 아니라 그림도 중요한 의미를 갖고 있어요. 대표적인 그림책 작가로는 『고릴라』 『겁쟁이 빌리』 『돼지책』 『축구 선수 윌리』 등을 쓴 앤서니 브라운과 『검피 아저씨의 뱃놀이』 『지각대장 존』 『야, 우리 기차에서 내려』 『내 친구 커트니』 『마법 침대』 『알도』 등을 쓴 존 버닝햄이 있지요. 『옛날에 오리 한 마리가 살았는데』 『쾅글왕글의 모자』 『곰 사냥을 떠나자』 등을 쓴 헬린 옥슨버리, 『괴물들이 사는 나라』 『깊은 밤 부엌에서』 등을 쓴 모리스 샌닥, 『치과의사 드소토 선생님』 『부루퉁한 스핑키』 등을 쓴 윌리엄 스타이그도 좋은 그림책을 많이 쓴 작가이고요.

좋은 그림책을 선별하는 방법

동화책과 달리 그림책은 글과 그림이 모두 중요합니다. 좀 더 구체적으로 좋은 그림책을 선정하는 방법을 소개해드릴게요.

우선 그림책의 구성 중 글은 문학적 요소를 말합니다. 문학적 요소는 주제, 플롯, 등장인물, 문체 네 가지가 중요한데요. 주제는 유아가 경험할 만한 세계와 사고여야 하며, 어른의 시선이 아닌 유아의 시선(관점)에서 그려냈는지를 유심히 봐야 합니다. 예를 들어 『이슬이의 첫 심부름』의 경우 만 5세 유아가 경험할 만한 '첫 번째 심부름'을 주제로 하고 있어요. 엄마에게 멋진 딸이 되고자 당당하게 걸어가지만 심부름을 하는 과정 중에 만만치 않은 역경이 찾아오는데요. 혼자 걷다 넘어져서 심부름에 사용할 돈을 잃어버리기도 하고, 우여곡절 끝에 가게까지 갔지만 주인아주머니께 우유 달라는 말을 하지 못하는 부끄러움 등을 세밀하게 그려냈습니다. 『피터의 의자』는 동생이 태어나고 가족의 모든 관심이 동생에게 간 상황을 아이 중심으로 섬세하게 그려낸 작품이에요. 동생이 생긴 아이들이 충분히 공감하고 위로받을 만해요. 이처럼 그림책의 주제는 유아가 경험할 만한 명확한 주제여야 합니다. 또 교훈을 주려는 주제보다는 유아의 심리를 알고 유아의 시선(관점)에서 스스로 답을 찾도록 하는 주제가 바람직하고요.

두 번째 문학적 요소인 플롯은 이야기의 흐름이 어떻게 구성되어 있는지와 관련이 있어요. 크게 네 가지 유형이 있는데요. 먼저 **단선적 형식**, 즉 시간 순서의 흐름대로 진행되는 구성 방식이 있어요. 대표적인 예로 전래동화의 **'옛날에 ○○가 살았답니다.'**와 같은 방식이나 『심심해서 그랬어』 등이 있어요. 그다음 **누적적 형식**은 사건이 반복되고 새로운 요소가 첨가되는 형식을 말해요. 쉽게 예측이 가능하고 단순해서 유아들이 좋아하는 구조이지요. 대표적인 예로 『검피 아저씨의 뱃놀이』 『야, 우리 기차에서 내려』 등이 있어요. **순환적 형식**은 이야기 속 사건이 시작과 진행을 거쳐 다시 원점으로 돌아오는 형식을 말해요. 대표적인 예로 『쥐의 결혼식』이 있지요. 쥐에서 출발해 해, 구름, 바람, 부처를 거쳐 다시 쥐로 돌아오는 구성입니다. 마지막 **연쇄적 형식**은 사건들이 반복되지만 사건들 사이에 인과관계가 없어 중간에 한 사건이 빠져도 크게 문제가 되지 않는 형식을 말해요. 대표적인 예로 『누가 내 머리에 똥쌌어?』가 있어요.

플롯의 유형에 대해 이해했다면 우리 집에 어떤 플롯의 그림책이 많은지 살펴볼 필요가 있어요. 너무 한쪽으로 치우쳐 있는 건 아닌지 점검해야 해요. 플롯에 따라 단선형 형식이나 순환형 형식의 그림책이라면 다음 이야기를 예측해보도록 돕고, 누적형 형식이나 연쇄형 형식처럼 반복되는 구성이라면 단순한 대사가 반복되기에 역할놀이로 확장하기 좋습니다.

등장인물은 지나치게 바르고 똑똑한 주인공보다 아이다운 기질과 성격을 가진 인물, 즉 아이들과 쉽게 동일시되고 공감할 수 있는 인물이 좋아요. 실제로 좋은 그림책의 주인공은 부모들이 이상적으로 생각하는 용감하고, 아름답고, 지혜로운 모습의 인물보다 아이답게 실수도 많이 하고 짜증과 불만, 좌절도 많은 생동감 있는 인물이 많지요. 예를 들어 『부루퉁한 스핑키』에서 주인공 스핑키는 늘 가족 모두에게 화가 나 있어요. 못된 행동과 삐딱한 표정, 말투를 가졌지요. 하지만 이런 미성숙한 모습의 주인공이 스스로 해답을 찾아가는 과정을 보여주기에 아이들이 더 쉽게 자신과 동일시하게 됩니다. 또 『점』은 그림 그리기를 무척 싫어하고 거부하는 아이의 모습을 그려냈어요. 『겁쟁이 빌리』는 겁 많은 아이의 모습을 『악어도 깜짝, 치과 의사도 깜짝』은 치과에 가기 두려워하는 아이의 모습을 보여주고요.

마지막으로 문체에서 중요한 점은 지나치게 긴 문장보다는 간결하고 쉬운 문장이 바람직하다는 거예요. 즉 작가가 하나하나 다 상세히 적어주기보다 그림으로 표현하고 독자인 유아의 상상력에 따라 다르게 상상할 수 있도록 기회를 주는 그림책이 좋지요. 또 전래동화의 경우 벌을 주는 과정이 지나치게 무섭거나, 겁을 주는 문체가 있다면 제한할 필요가 있고요.

그림책에서 그림은 줄거리(글)만큼 중요한 의미를 갖습니다. 그림의 예술성에서 중요하게 봐야 할 부분은 선, 공간, 형태, 색깔, 구도, 질감 등 예술적 요소들이에요. 그래서 유명한 그림책 작가들의 그림은 매우 특별해요. 예를 들어 앤서니 브라운의 『고릴라』는 부모의 무관심과 냉랭한 분위기를 전체적으로 직선과 차가운 파란색으로 표현해서 외로움을 극대화한 느낌을 주었어요. 『곰 사냥을 떠나자』는 '곰 잡으러 간단다. 큰 곰 잡으러 간단다.'라는 운율을 반복하고, 강물과 회오리, 진흙이라는 문제 상황에서는 흑백으로, 의성어 및 의태어와 함께 문제가 해결되는 상황에서는 컬러를 넣어 예술성을 극대화했지요. 『힐드리드 할머니와 밤』은 깜깜한 밤을 주제로 했기 때문에 흑백의 표현이 돋보이고, 잠을 자지 못해 날카로워진 할머니의 성격을 극대화시키기 위해 펜화로 그림을 표현했습니다.

이밖에도 『무지개물고기』나 『으뜸 헤엄이』처럼 한 장면 한 장면 그 자체를 감상하는 것만으로도 가치 있는 상당히 매력적인 작품이 많아요. 하지만 전집은 다양한 표현기법보다는 비슷한 그림의 패턴이 많아서 그림이 주는 가치가 덜 표현되는 경우가 많지요. 인터넷에 검색하면 좋은 그림책이 참 많이 나옵니다. 하지만 분명한 것은 부모가 이 그림책이 왜 좋은 그림책인지를 알고 보여줄 때 그 가치와 의미가 내 아이에게 더 잘 전달될 수 있다는 거예요. 그림책을 활용해 다양한 역할놀이, 미술놀이, 음악놀이도 가능합니다.

그림책을 활용한 다양한 놀이

1. 역할놀이

• 『무지개물고기』

물건에 대한 소유욕이 많고 또래와 나누기 힘들어하는 아이라면 직접 스스로 "너 이거 가져."라고 말해보는 경험이 중요해요. 역할놀이는 실제 생활에서 부족한 행동을 연습해볼 수 있는 기회가 생겨 매우 바람직하지요. 『무지개물고기』를 읽고 알록달록 양말을 이용해 무지개물고기, 파란물고기, 문어할머니를 만들어봅시다. 양말에 솜을 넣고 끈을 이용해 묶은 후 눈알을 붙여주세요. 단추, 실, 여러 가지 꾸미기 재료로 더욱 개성 있게 꾸밀 수 있어요. 뒤에 나무젓가락을 붙여주면 막대인형이 완성되지요.

• 『야, 우리 기차에서 내려』

동물들의 의성어, 의태어 표현이 많고 대사가 간단해서 역할놀이를 하기에 매우 적합해요. 아이가 탈 수 있는 택배박스를 이용해 배를 꾸며주세요. 그리고 집에 있는 동물인형을 활용해 역할놀이를 해보세요. "멍멍, 나도 타도 될까요?" "야옹, 나도 타도 될까요?" 역할놀이를 반복한 후 배에 동물이 넘칠 정도로 꽉 차면 배가 뒤집히는 시늉을 할 수도 있어요.

2. 미술놀이

• 『으뜸 헤엄이』

『으뜸 헤엄이』는 마블링과 찍기 등을 통해 바닷속 아름다움을 표현해낸 것이 특징인 그림책이에요. 아이들과 데칼코마니, 번지기, 뿌리기, 찍기 등 다양한 기법을 활용해 물감놀이를 해보세요. 물론 바닥에 넓은 신문지 등을 깔아주는 것도 잊지 마시고요.

• 『도깨비를 빨아버린 우리 엄마』

『도깨비를 빨아버린 우리 엄마』 그림책 속 엄마는 빨래를 엄청 좋아해요. 아이들과 내가 만든 디자인의 옷을 만들어 빨래를 널어보세요. 두꺼운 종이에 멜빵바지, 치마, 원피스, 티셔츠, 양말, 모자 등 다양한 의류를 그림으로 그려주세요. 아이에게 집에 있는 색종이, 스티커, 셀로판지, 각종 비즈와 액세서리 등을 활용해 '나만의 디자인 옷'을 꾸며볼 수 있도록 하세요. 거실이나 방에 실을 걸어주고 아이가 직접 자신이 디자인한 옷의 빨래를 걸어볼 수 있도록 해보세요.

3. 음악놀이

• 『곰 사냥을 떠나자』

의성어, 의태어 표현이 많고 풀밭, 강물, 진흙탕, 숲, 눈보라 등 다양한 문제 상황이 나오는 그림책이에요. 또 반복되는 운율의 글이 특징이지요. 악기를 활용해 그림책을 읽으면 색다른 재미를 준답니다. 예를 들어 '곰 잡으러 간단다, 큰 곰 잡으러 간단다.'에서 맨 앞 글자 '곰'과 '큰'에 악센트를 주어 읽어보세요. 이때 박수를 치거나 북을 치며 악센트를 주면 훨씬 재미있어요. 풀밭, 강물, 진흙탕, 숲, 눈보라를 지나갈 때 다양한 악기를 활용해 배경음악을 넣어보세요. 예를 들어 풀밭의 '사각서걱'은 사포 문지르기, 강물의 '덤벙텀벙'은 종이 흔들기, 눈보라의 '휭휘잉'은 트라이앵글 연주하기 등 주변의 사물을 활용해 창의적인 소리를 내보세요.

4. 애착놀이

• 『너는 특별하단다』

아이의 존재 있는 그대로를 소중하게 생각하며 자존감을 형성할 수 있는 그림책이에요. 그림책에 별표와 점표 스티커를 붙이는 내용이 나오는데요. 아이들이 좋아하는 스티커놀이라 함께하면 재미있어요. 예를 들어 <닮은 곳이 있대요> 노래에 맞춰 서로 닮은 곳에 스티커를 붙여주는 거예요. 이때, '반짝반짝 눈' '귀여운 코'라고 형용사를 붙여주면 더욱 좋아요. 발바닥, 엉덩이, 배꼽, 팔꿈치, 콧구멍 등 다양한 신체 이름을 말하며 많이 붙여보세요. 또 부모와 아이가 서로에게 감사한 점을 하나씩 말하며 칭찬스티커를 붙여보세요. 칭찬도 받아서 좋고, 신체에 스티커가 붙은 모습을 보며 더욱 재밌게 웃을 수 있어요.

• 『내 거야!』

서로 "내 거야!"라며 다투던 개구리들에게 시련이 닥칩니다. 엄청난 비가 쏟아져 마을이 모두 잠긴 것이지요. 개구리들은 단 하나 남은 바위에 함께 매달려 서로의 두려움을 달래고 힘을 합치지요. 협력의 기쁨을 깨닫게 하는 『내 거야!』 그림책을 읽고 '바위 스킨십놀이'를 해보세요. 먼저 동그라미(지름 10cm 정도) 시트지 15장 정도를 준비해주세요. 아이에게 거실에 동그라미 시트지를 군데군데 붙이도록 해주세요. 동그라미 시트지가 있는 곳은 바위이고 없는 곳은 비가 온 곳이에요. 그러니 동그라미 시트지가 있는 곳으로만 다닐 수 있지요. 동요 한 곡 틀어놓고 시트지를 걸어 다니다가 부모와 아이가 같은 시트지에서 만나면 서로 뽀뽀하기, 안아주기, 간지럽히기 등을 해보세요. 자연스럽게 스킨십도 하고 즐거운 애착놀이가 될 수 있어요.

자연을 활용한 하루 10분 놀이법

어릴 적 나뭇잎을 모아 그릇이라 생각하고 그 위에 모래로 밥을 지어 엄마놀이를 했던 기억이 있으신가요? 솔잎을 모아 "오늘은 엄마가 국수했다. 국수 먹자."라며 놀았던 적 없으신지요? 저는 학교 운동장에서 친구들과 고무줄놀이, 정글짐놀이를 하며 매우 자유롭고 행복했던 기억이 납니다. 요즘 우리 아이들은 대부분 마트에서 산 정형화된 장난감과 키즈카페처럼 인위적으로 만들어놓은 환경에 더 익숙해져 있는 모습이에요. 고급스러운 주방 가스레인지와 원목 냉장고, 세탁기가 없으면 엄마놀이를 할 수 없다고 말하기도 합니다. 참 안타까운 마음이 들어요. 왜냐하면 유아기는 생애 딱한 번 주어지는 상징적 사고의 시기로, 무엇이든 자신이 **"이건 냉장고야."** 하면 냉장고가 되고 **"이건 가스레인지야."** 하면 가스레인지가 될 수 있는 유일한 시기거든요. 유아기 때만 누릴 수 있는 상징적 사고가 점점 편리해지고 고급스러워진 놀이 문화로 사라져가는 모습을 볼 때면, 우리 아이들의 순수한 아이다움을 어떻게 지켜줘야 할지 고민에 빠지곤 합니다.

자연은 상징적 사고를 하기에 가장 안성맞춤인 장소

교육기관에서 아이들과 산책이나 공원 나들이, 바깥놀이를 나가면 참 신기한 모습을 관찰하게 됩니다. 교실 공간에서는 친구들의 놀이만 바라보고 소극적이었던 아이들도 자연에만 나가면 어느 순간 놀이의 주체자가 되어 있는 것을 발견하게 되거든요. 이곳저곳 돌아다니며 자신만의 놀잇감을 찾아 적극적인 참여자로, 창조자로, 발명가로 변신해 신나게 몰입하는 모습을 보면 절로 미소가 지어지지요.

이유가 뭘까 생각하면서 숲에서 노는 아이들의 모습을 유심히 관찰한 적이 있습니다. 곧 자연만이 가지고 있는 순수함 때문이라는 것을 알게 되었지요. 자연은 있는 그대로의 모습이거든요. 인위

다양한 자연물로 놀이하는 아이들

적으로 만든 것이 아닌 '있는 그대로'라는 것은 어떻게 바라보고, 어떻게 생각하느냐에 따라 변형과 창조가 가능하다는 의미예요. 놀이는 목표가 뚜렷하지 않고 융통성이 발휘되어야 정말 놀이인데, 자연은 그 자체로 아이들에게 놀이를 하기에 가장 안성맞춤의 장소입니다. 왜냐하면 장난감이나 교구처럼 순서가 있거나, 방법이 있거나, 정해진 내용이 없거든요.

또 자연에는 어떤 것도 똑같은 것이 없어요. 같은 나뭇잎이라도 크고, 작고, 넓고, 가늘고, 길고, 짧은 것이 모두 각양각색이지요. 꽃마다, 나뭇잎마다, 흙과 나뭇가지마다 모두 향기가 다르고요. 감각기관을 활용해 세상을 알아가는 우리 아이들에게 이보다 감각 경험을 충분하게 제공해줄 수 있는 장소가 없지요. 기어다니는 개미와 날아다니는 잠자리, 수많은 곤충과 청설모, 산새와 꽃, 나무와 풀은 모두 그 자체로 살아 숨쉬는 존재이기 때문에 성장하는 우리 아이들의 에너지와 너무나도 흡사하지요. 부모의 간섭에서 벗어나 자연에서 뛰어노는 바깥놀이는 아이로 하여금 관찰력과 분별력, 감각과 운동기능, 호기심과 탐구심, 문제해결능력과 창의력이 자라나게 합니다. 이뿐만 아니라 몸도 마음도 튼튼하게 성장하도록 돕기에 충분합니다.

내 아이에게 행복한 어린 시절을 선물해주고 싶으신가요? 내 아이가 아이다운 순수함을 오랫동안 간직하도록 해주고 싶으신가요? 그렇다면 아이를 마트보다는 자연이 있는 곳으로 더 많이 데려가주세요. 가까운 공원도 좋고, 숲이나 산도 좋아요. 키즈카페에서는 아이와 놀아줄 수 있겠는데 자연에서는 아이와 어떻게 놀아야 할지 모르시겠다면 엄마, 아빠의 어릴 적 모습을 떠올려보세요. 이제부터 아이와 함께하면 좋을 자연놀이를 소개해드릴 테니 잘 활용해보시기 바랄게요. 다양한 놀이를 통해 아이가 자연과 친구가 되도록 도와주세요.

자연물을 활용한 다양한 놀이

1. 자연물 찾기

• 달걀판 채우기 미션

집에서 달걀판 2개를 가져오세요. "오늘은 이 달걀판으로 자연에서 재미있는 놀이를 할 거야."라고 말하면 아이는 가기 전부터 설레할 거예요. 30개의 빈 공간이 있는 달걀판에 솔방울, 돌멩이, 꽃, 나뭇잎, 나뭇가지, 솔잎 등 다양한 자연물을 찾아 채워주세요. 달걀판이 없다면 그냥 미션을 줘도 괜찮아요. '색깔이 다른 자연물 다섯 가지' '서로 향기가 다른 자연물 다섯 가지' '촉감이 다른 자연물 다섯 가지' 등 구체적으로 미션을 제시하면 더욱 좋아요.

달걀판 채우기 미션 예시

• 그림카드 미션

부모가 동그라미, 세모, 직사각형, 정사각형, 별, 하트 등 다양한 모양의 그림카드를 제시해주세요. '그림카드의 모양과 같은 나뭇잎을 3개씩 찾아오기'라는 미션을 제공한다면, 모양 탐색과 변별력 활동에 매우 좋아요.

2. 친구 만들기

자연에는 눈에 보이지 않는 친구가 참 많아요. 집에서 눈 모양 스티커를 준비해가면 자연에서 수많은 친구를 만들 수 있어요. "지금부터 자연 속 내 친구를 찾아볼 거야. 친구라고 생각하면 눈 모양 스티커를 붙여줘."라고 말하고 시범을 보여주세요. 예를 들어 나무의 긴 뿌리에 눈 모양 스티커를 붙이면서 "난 뱀이야."라고 말할 수 있어요. 자연에서 친구를 다섯 가지 정도 찾았다면, 마무리는 꼭 자신이 붙인 스티커를 모두 찾아올 수 있게 해주세요. 자연에 쓰레기를 두면 안 되는 이유를 설명하고 찾아오도록 하면 자연 보호의 중요성을 이해하게 되고, 기억력에도 매우 좋아요.

친구 만들기 예시

3. 추억의 놀이 함께 즐기기

어릴 적 부모님이 했던 자연놀이를 떠올려보세요. 몇 가지 힌트를 드릴 테니 동심으로 돌아가 아이와 함께 즐겁게 놀이해주세요. '가위바위보를 한 후, 이긴 사람이 나뭇잎 뜯기' '솔방울 저글링' '돌멩이 공기놀이' '돌멩이를 머리에 올린 후 나무 주위를 돌기' '예쁜 꽃 책갈피 만들기' '자연물 소꿉놀이' '나뭇잎 피리 불기' '애기똥풀 매니큐어' '긴 나뭇가지를 검지손가락에 올려놓고 균형 잡기' '솔방울을 던져 티셔츠로 받기' 등이 있습니다.

4. 강아지풀을 활용해 움직이는 인형 만들기

강아지풀은 긴 줄기와 통통한 잎으로 이뤄져 있어요. 흰 종이에 아주 작은 구멍을 뚫어 강아지풀의 줄기를 통과시켜보세요. 뒤에서 줄기를 움직이면 강아지풀이 움직이는 인형처럼 보여요. 예를 들어 흰 종이에 코끼리를 그리면 강아지풀은 움직이는 코가 되지요. 또 사람을 그리면 강아지풀 2개는 팔이나 다리가 되고요. 부모와 아이가 하나씩 움직이는 인형을 만들어 이야기를 만들어보세요.

5. 자연물을 이용한 한글놀이, 미술놀이, 퍼즐놀이

• 내 이름 만들기

자연물은 생김새가 모두 다르기 때문에 모양의 특징을 활용해 글자나 숫자를 만들 수 있어요.

• 흙 그림 그리기

흙바닥에 예쁜 그림을 그려보세요.

• 나뭇잎 스크래치

평평한 바닥에 나뭇잎을 올려놓고 흰 종이를 덮으세요. 크레파스나 색연필로 문지르면 종이 위에 나뭇잎의 모양, 잎맥이 선명하게 나타나요.

• 나뭇잎 엽서 만들기

가로 10cm, 세로 8cm 정도의 흰 종이에 작은 나뭇잎을 올려주세요. 이때 나뭇잎에 돌멩이를 올려주면 나뭇잎이 움직이지 않아요. 흰 종이와 나뭇잎에 물감으로 색칠을 해주세요. 색칠을 마친 후 나뭇잎만 빼면 나뭇잎 모양만 하얗게 남아요. 하얀 나뭇잎 공간에 짧은 편지를 쓰면 예쁜 나뭇잎 엽서가 완성됩니다.

• 나뭇잎 퍼즐 맞추기

아이와 부모가 각각 큰 나뭇잎 하나씩을 찾아보세요. 나뭇잎을 잘라 퍼즐을 만들고, 서로 바꿔 퍼즐을 맞춰보세요.

나뭇잎 퍼즐 예시

• 자연물감으로 그림 그리기

색깔이 다양한 꽃잎, 나뭇잎, 풀 등을 주워보세요. 주운 자연물을 돌로 찧어 다양한 색을 만들어보세요. 흰 종이에 그림을 그려 자연물의 색으로 예쁘게 칠해보세요.

하루 10분
퀄리티타임 육아법

초판 1쇄 발행 2021년 9월 30일

지은이 김은희
펴낸곳 믹스커피
펴낸이 오운영
경영총괄 박종명
편집 이광민 최윤정 김상화
디자인 윤지예
마케팅 송만석 문준영 이지은
등록번호 제2018-000146호(2018년 1월 23일)
주소 04091 서울시 마포구 토정로 222 한국출판콘텐츠센터 319호 (신수동)
전화 (02)719-7735 | **팩스** (02)719-7736
이메일 onobooks2018@naver.com | **블로그** blog.naver.com/onobooks2018

값 16,000원
ISBN 979-11-7043-252-4 03590

※ 믹스커피는 원앤원북스의 인문·문학·자녀교육 브랜드입니다.
※ 잘못된 책은 구입하신 곳에서 바꿔 드립니다.

※ 원앤원북스는 독자 여러분의 소중한 아이디어와 원고 투고를 기다리고 있습니다.
원고가 있으신 분은 onobooks2018@naver.com으로 간단한 기획의도와 개요, 연락처를 보내주세요.